挖掘出土的各种文物

平城宫的轩瓦 I 期

平城宫的轩瓦 IV 期

平城宫的轩瓦 II 期

鬼瓦

平城宫的轩瓦 III 期

鬼瓦

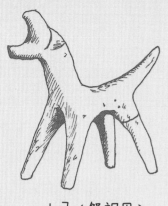

土马（祭祀用）

羊形砚

木简

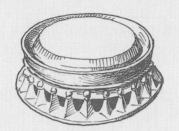

圆面砚

风字砚

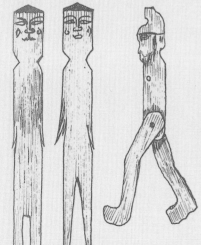

人面土器（祭祀用）

人偶（祭祀用）

和同开珎　　　　神功开宝

万年通宝

铜钱

隼人之盾

文景
———
Horizon

平城京奈良

古代的都市规划与营建

［日］宫本长二郎　著

［日］穗积和夫　绘

游蕾蕾　译

生駒山

唐招提寺

平城宮

東大寺

Hozumi 4. /86

目 录

从平城京到奈良市

美哉青瓦丹柱　奈良之都　如繁花之
争芳吐艳　风华正盛

早在一千二百多年前,《万叶集》的歌人就对当时日本的都城有过如上的歌咏颂赞。吟诵着这首和歌,那些浓绿山峦映衬下的宫殿、寺院和神社,以及各条大路和市场的热闹景象,皆跃然纸上,仿佛邀请我们回到平城京(奈良时代都城)的时代。

现今奈良市的市中心(旧奈良町)一带,为古代平城京东边突出的一区(见20页),恰位于若草山及御盖山山麓的高台上。那里至今存留着平城京时代的道路遗迹,看得到棋盘式土地规划的方格状街区。东大寺、春日大社、兴福寺、元兴寺等奈良时代的神社寺院皆坐落此区,让这里成为奈良观光的起点。

由市中心往西南方望去,可见一片平原,为从前平城京的右京和左京,如今则以大安寺、西大寺、药师寺、唐招提寺、法华寺等为中心,村落散布其间。尽管这里每一间寺院的占地都较奈良时代有所缩小,但都保存着堂塔、佛像等寺宝,静静地矗立了千百年,让后人得以一窥天平文化的精粹。

后来日本国都从平城京迁移至长冈京时,因为这些大规模寺院的势力实在太强,甚至能干预政治,政府不得已只好让这些寺院留在奈良。如果当时寺院也跟着迁到长冈京,奈良就不会是现在这个样子了。

旧奈良町一带在国都迁离奈良之后,作为寺院的门前町维持着一定的地位。中世的时候,以拥有支配大和一国之强大势力的兴福寺为中心,发展成为繁荣的商业城镇。到了近世,奈良町的商业活动衰退,取而代之的是参拜神社寺院的观光产业,并逐渐成为奈良发展的主动力。

二十年之前,奈良的人口都集中在旧奈良町一带,其余的广大平原皆为种植稻米的纯农业地区。随着观光客和人口的增加,奈良才渐渐发展成如今的热闹样貌。

造访奈良市的观光客一年逾1 400万人,一天平均有3.6万至4万人,占了奈良市人口的一成以上。奈良市的人口在第二次世界大战以前不到6万人,战后由于市区的扩大与新兴住宅用地的不断开发,至1985年(昭和六十年),已达32.4万人。

关于从前平城京的人口,众说纷纭,从20万人到7万—10万人的说法都有。如今,光计算平城涵盖地区的人口,就有将近20万,这个区域还包含了耕地,未来随着住宅用地的增加及市镇的再开发,人口可望继续增加。可以说以奈良现在的发展,未来它将远胜于平城京时代。

平城宫的遗迹称为"平城宫迹"，每到假日总有很多市民和观光客来访。目前除了挖掘调查的工作之外，整体的整备作业也在逐步进行。在原先立柱的位置种植黄杨树，摆上仿古的础石，重现奈良时代建筑的设计格局

平城京的挖掘

平城京的住宅区及道路在都城迁离奈良之后，很快被改垦为水田。由于是将原有的土地及水路改垦而成，所以可以从承续原有规划的现今地形，复原平城京的棋盘式条坊（见20页）土地规划的样貌。

最早发现这一点的是江户时代末期的学者北浦定政。定政服务于伊势国津藩的大和古市奉行所，从事平城京及大和国的"条里制"（古代的水田地规划）、天皇陵等的研究工作，1852年（嘉永五年）完成《平城宫大内里迹坪割之图》。他采用以车轮的回转数来计算距离的测量车，测量道路及田埂，依此画出正确的图面，再将平城京的条坊叠画上去，制成该图。定政的研究参照了诸多古图、古文书数据及条坊地名，内容的精确度极高。他采用的方法及其研究成果，甚至通用至今。

明治时期的建筑史学家关野贞根据更精密的地图，将北浦定政的研究成果修正得更加准确。关野贞认为，平城宫遗迹内残留的土台（为了建造房子而填土夯筑的高台）之中，有一个后人称为"大黑之芝"的大型土台，应该是"大极殿"的遗址。他以此为本，复原了内里[1]、朝堂院等殿堂遗迹，于1907年（明治四十年）发表了《平城京及大内里考》。

根据这项研究成果，当地居民栅田嘉十郎全力推动平城宫迹的保存运动，终于，1922年（大正十一年）第二次大极殿[2]、朝堂院推测地点被列为国家指定特别史迹。

二战后的1954年（昭和二十九年），美军驻地的道路工程让人们意外地确认了平城宫的遗构，这使得宫迹的调查及保存工作立即往前推展。所谓的遗构，指的是从前的建筑物及沟、井等，以及作为复原线索的种种痕迹。1959年（昭和三十四年），奈良国立文化遗产研究所主持的平城宫迹挖掘工作正式展开，直至今日还在持续进行。

平城宫迹的面积约120公顷（1.2平方公里），挖掘调查工作展开二十六年后完成了30%左右，相继揭开了许多从文献资料无法得

---

1 内里：天皇居住的宫殿，又称御所、皇居、禁里、禁中、大内里。——译注（下文若无标注，则均为译注）
2 第二次大极殿：兴建于奈良时代后期位于东侧的大极殿，相对于中央区的第一次大极殿而言。

致力于研究平城京的北浦定政

知的史实。

　　此外，尽管在平城京内（简称京内）首先展开的是寺院的调查工作，但在奈良县及奈良市政府与研究所的合作之下，遗迹的原貌也越来越清楚了。这些调查研究工作主要是为了开发工厂用地或住宅区而进行的，一年的调查件达 60—70 项，截至 1986 年，京内仍有 300 项以上的调查工作在进行着。虽然从广大的都城总面积来看，这个数字显得微不足道，不过，就算是规模再小的调查，也都有其意义。

挖掘调查的进行

笔者从 1967 年（昭和四十二年）开始参与平城宫的挖掘调查工作，在此过程中深切体会到，这项工作就像是研读一份写在地面上沉默的历史证言一般。虽然不像阅读推理小说那样惊险刺激，不过，针对该"证言"一项一项地探讨各种可能性，一步一步逼近事实的那份喜悦，对忙得灰头土脸的调查研究者而言，绝对是无可取代的。

虽然我们从地下挖掘现场发现了非常多的"证言"，不过，本书将以笔者专攻的建筑相关遗构为中心，向读者介绍平城宫及平城京的兴建。

首先，大略说明一下挖掘调查工作是如何进行的。

值得庆幸的是，平城京条坊的土地规划还保留得很完整，我们可以立刻知道挖掘的地点是原来京内的哪个位置。因此，可以估计奈良时代的道路和住宅用地的位置，再确定适当的挖掘范围。

挖掘的地点多半是长期以来作为水田的地区。这些地区的土壤，地表为耕作土，下层则为了不让水田的水流失而压实的床土。挖开这些地区的土壤，会发现下层的土壤状况因地点不同而各异。有些地方因为河川的泛滥而淤积了厚厚的泥沙，有些地方则因为挖石取土等显得凌乱不平整，各种情形都有。有些地方甚至刚挖过床土层，就出现平城京时代的遗构。

平城京遗构所在的地层（遗构层）之上，有所谓的"遗物包含层"，蕴藏了奈良时代的土器和瓦片等遗物。这些土器、瓦片的形制及出土量有助于我们了解该地区的遗构年代及其风格，因此一旦挖掘到这一层，必须更谨慎地调查。

首先我们会将欲挖掘的整片地区划分为数个边长 3 米的方格，给每一个方格打上标着号码的地标桩，记录遗物的出土地点。然后小心地清理遗物包含层，再用土锹

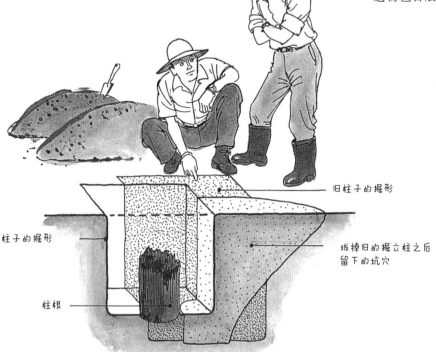

柱子的掘形

旧柱子的掘形

拔掉旧的掘立柱之后留下的坑穴

柱根

铲平遗构层。如此便于根据土壤的颜色及硬度，来识别柱或沟等遗迹。

平城京内发掘的建筑大部分为"掘立柱建筑物"（见40页）。这些掘立柱遗构在发现时的样貌，大抵不脱以下几种类型：一种是在正方形的掘形（竖立掘立柱用的凹穴）中央有一个圆柱的痕迹，一种是竖立柱子用的凹穴痕迹呈现椭圆形，还有连柱子根部（称为柱根，见10页）都遗留下来的情形。

前述的各种掘立柱柱穴重叠出现在遗构层，让挖掘调查的工作更为复杂。尤其是平城宫的遗迹，经常在某处发掘出四个以上的柱穴。不过，由于新的柱穴是破坏旧有的柱穴而建的，所以建筑物的新旧顺序很容易辨识，这一点算是有利于调查研究的。而要从平面上分辨出柱穴的形状，则是相当困难的一项作业。

我们将未经人力改变的自然地层称作"地山"，以区别经过人为运土、翻整过的"整地层"。挖掘柱穴会深入到地山或整地层之中。掘形内会混入其他的土壤，改变原有的土壤颜色及纹路，甚至连土的硬度都会出现变化，而我们正是根据这些线索来判别柱穴的所在。

一般来说，较新的柱穴混入他种土壤的比例较多，比较容易被发现。此外，位于地山的遗构较位于整地层的更容易辨识，这一点也是毋庸置疑的。最难分辨的要算砾石较多的土壤或沙地了。相信大家都有这种经验，在海边或公园的沙地上挖一个坑再把坑填回去，之后想再找到那个坑的轮廓，几乎是不可能的了。因为沙子非常均质，不太容易有颜色和硬度的差异。

除了上述的土层状况会左右识别作业的难度之外，另一个较大的影响因素是挖掘调查者本身。换句话说，眼前的一切理当尽在调查者的视野之内，然而调查者只能看到他能理解的部分。别说是新手，连老手也不一定人人都看得到同一个柱穴，而看到的柱穴形状也常因人而异，或者在遗构的新旧关系上产生意见冲突……遇到此类状况时，我们应该像磨平镜面一样仔细将遗构层铲平，共同讨论来解决问题。尽管很少有解决方案可以保证百分之百正确，但调查团队全体成员应尽量努力提升精确度。

经过一番柱穴的辨识作业之后，将等间隔排列的柱穴组合起来，推想原来存在于该地点的建筑物或城墙的形状。在同一地点挖掘出的柱穴数量越多，推想原有建筑物或城墙的形状就越困难。我们可以从浏览第一遍时发现的柱穴开始挖掘，以此为根据推想柱穴的组合，再把有可能看漏之处的土堆挖平。如果没找到柱穴，则重新探讨柱子的组合方式。不断重复这项作业之后，就能逐渐勾勒出遗构的全貌，然后才能展开实测工作。最近挖掘调查者也会利用直升机进行照相测量。

第12页图为平城宫第一次大极殿地区的遗构发掘图。重叠的柱穴量之多，连人站立的空隙都没有。正因为如此，若光做平面的调查很容易看漏。做完平面实测之后，应将柱穴从中间切开，从柱穴的土壤断面来判断柱穴的新旧，以及柱穴内是否有其他时期的柱穴包含其中。

发掘工作结束之后，立刻将原来的土填回去，接着进入发掘成果的整理阶段。遗构不可能百分之百地发掘出来，调查者陈述的解释也如前面提过的一般，不会超出个人的经验范围。因此，从遗构的史实关系到其解释和风格判断等议题，常常在研究所引起激烈的争论，大家各有各的看法。

接下来要介绍的平城京的建造等史实，就是根据如上所述的挖掘调查的成果而来。

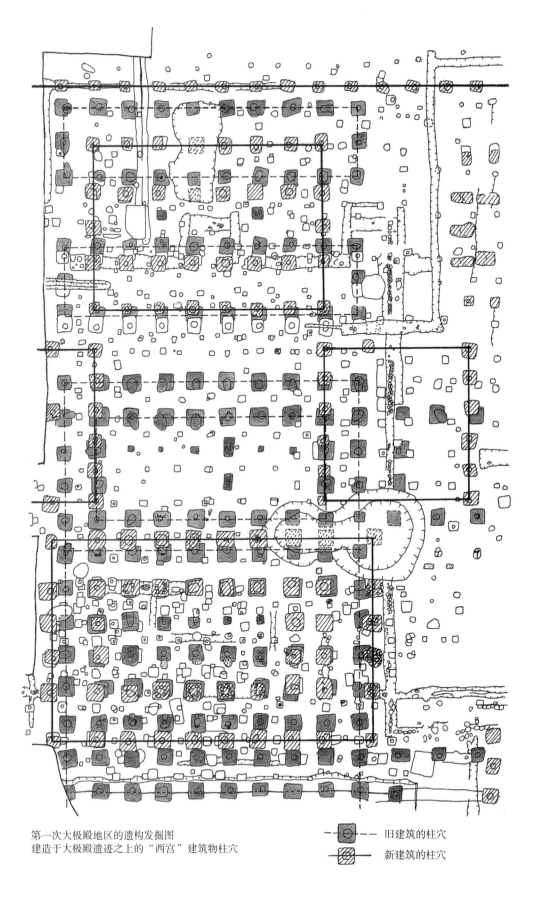

第一次大极殿地区的遗构发掘图
建造于大极殿遗迹之上的"西宫"建筑物柱穴

旧建筑的柱穴

新建筑的柱穴

交通便利的古代奈良盆地

远古时代的奈良盆地（大和盆地）四面环山，仿佛被包在绿色的城墙之中。东面为笠置山地与春日断层崖，南面耸立着龙门山地，西面缓缓地连接至生驹、金刚山地，北面则为低平的奈良山丘陵。

盆地南北长约 30 公里，东西宽约 13 公里。从四面的山地流下来的河川滋润着平地，形成了肥沃的平原。由盆地北部往南流的佐保川、富雄川、龙田川与自南往北流的飞鸟川、葛城川等河流，在盆地中央汇流成大和川，注入大阪湾。大和川自古便是一条重要的水上交通干线。

奈良盆地的南端是大和三山（香具山、亩傍山、耳成山）环绕的藤原京，北端则有平城京，这些古代都城的营建意味着大和盆地作为大和国中心的地位，至今仍有"国中"之称。

7 世纪初，三条南北向的笔直大道贯穿了盆地的中央。这三条大道分别称作上道、中道、下道，相当于今天的国道，是从藤原京通往京都、滋贺、大阪方向的重要道路。另外，沿着下道东侧辟有一条宽约 10 米的人工运河，由佐保川及飞鸟川提供水源。

诚如上述，奈良盆地的水陆交通十分发达，那里几乎可说是当时全日本开发得最好的一块土地了。

宫室设置于飞鸟

奈良盆地的东南部有一处名为"飞鸟"的地区。现在的飞鸟地区，指的是从明日香村东部到橿原市、樱井市、高取町等市镇的广大区域。不过，在7、8世纪的时候，飞鸟是指从飞鸟川流域的香具山到橘寺、冈寺之间，为低矮丘陵环绕的狭窄区域。

古代日本从建造如人造山之古坟的"古坟时代"到仿效中国以法律为治国之本的"律令制国家"的一段时期，是以飞鸟地区为舞台上演历史大戏的。

7世纪初，天皇开始将宫室设置于飞鸟一带。首先是推古天皇在丰浦宫即位，旋即于附近建造小垦田宫。后有舒明天皇的飞鸟冈本宫、皇极天皇的飞鸟板盖宫、齐明天皇的飞鸟川原宫与后飞鸟冈本宫、天武天皇的飞鸟净御原宫等，每一座宫殿都以"飞鸟"冠名。少数例外有孝德天皇的难波长柄丰碕宫（大阪市）、天智天皇的大津宫（滋贺县）。

此外，飞鸟一带还有日本最古老的寺院——飞鸟寺，以及坂田寺、丰浦寺、山田寺、川原寺、大官大寺、桧隈寺、橘寺等天武朝的二十四所佛教寺院，以这些宫殿、寺院为中心，日本发展出灿烂辉煌的飞鸟、白凤文化。

高松冢古坟的壁画

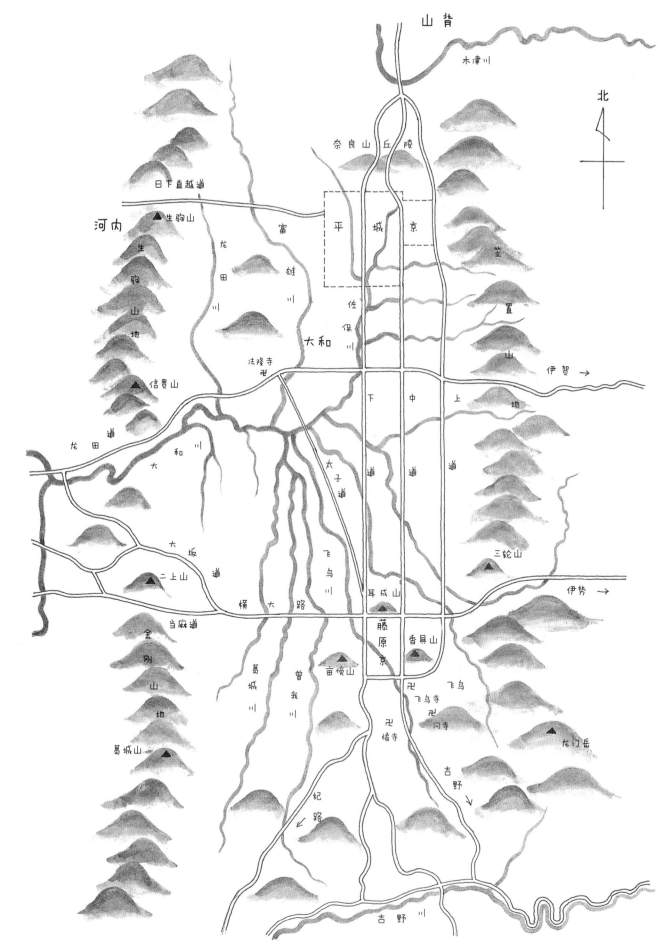

日本第一座都城——藤原京

到了7世纪末，日本国家机构日臻完备，飞鸟一带的土地显得狭小而不敷使用。于是政府展开新的建都计划，以飞鸟西北方的藤井原一带作为都城所在地。该都城即藤原京。由于这里是以原有的飞鸟宫室为中心扩建的京城，所以藤原京又称为"新益京"（新增加的京城）。藤原京首先引入中国的"条坊制"（见20页）兴建而成，也是日本最早的一座都城。

694年（持统天皇八年），日本迁都至藤原京。在此之前，天皇所在的宫室随着每一代天皇的更换而有所变动。直至迁都藤原京，宫室首度历经持统天皇、文武天皇、元明天皇，这三代共

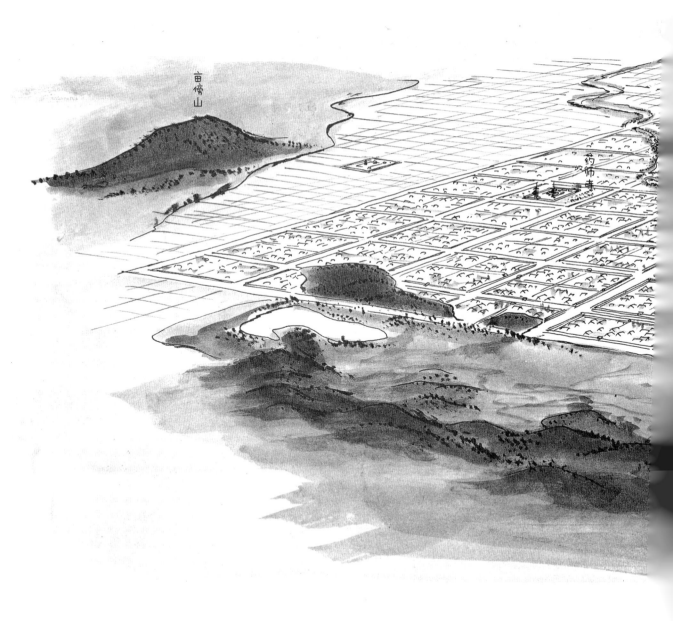

十六年都以藤原京为宫室所在地。

不过，文武天皇似乎很早就发现藤原京作为都城的不足之处。即位十年之后的 707 年（庆云四年）二月，文武天皇向王臣及五品以上的官员表明欲从藤原京迁至新都城的意向。

藤原京为大和三山所环绕，已没有扩大的空间，这是文武天皇考虑迁都的一大理由。随着"大宝律令"的完成，日本官僚机构亦趋完备，藤原京的都城范围已容纳不下新增的官署。再者，当时为了在全国有效推行律令制，将都城迁移至水陆交通更便利之处也的确有其迫切性。

然而，文武天皇竟于该年六月突然驾崩。其子首皇子（后来的圣武天皇）当时年仅七岁，太过年幼不适于继承皇位，故由文武天皇之母先行继位，成为元明天皇。

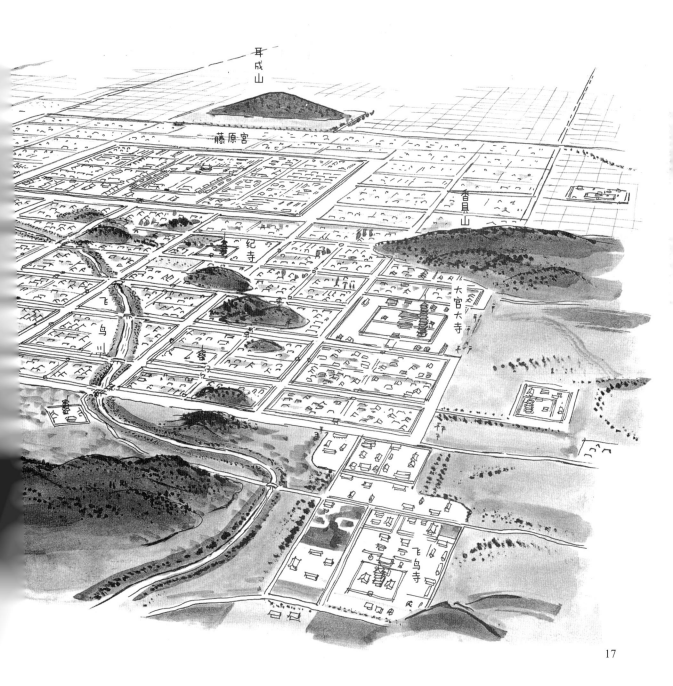

决定迁都至平城

翌年的和铜诏中，对平城一带有"合四禽图，成三山镇，龟筮并从"的描述。这是以中国的思想来解释平城的地理，谓其东西南北四方恰如四神兽盘踞，又有三山环绕形成极佳屏障，是符合风水的理想吉地，表明平城拥有作为都城的理想地势条件。此外，据说平城一带为藤原不比等的势力范围，他是辅佐元明天皇、竭力推动迁都的右大臣。

从藤原京经下道笔直往北，即可抵达新都城的预定地，位于大和国与山背国（京都府南部）交界处的奈良山（平城山）丘陵就耸立在北侧。当时丘陵地一带坐落着大小十数座古坟。这个区域河川治水及农耕

用水路等灌溉系统很完善，可说是一个相当富足的村落。

宫城的兴建地点在菅原，约有90户人家居住在这一带。下道通过此村落直达山背国，国境设有关隘。平城宫遗构下层的下道侧沟出土的"过所札"（关隘通行证），可资证明。

元明天皇下达迁都令之后，该年九月曾莅临

菅原，视察当地的地形。天皇一返回藤原京，立即任命十七名造平城京司（掌管都城建设的官署）的长官，研拟工程计划。同年十一月，致赠布疋与米粮给菅原居民，让他们撤离该地，并很快于十二月五日举行开工的"地镇祭"[1]。

新都城的兴建工程就此展开。

---

1 地镇祭：祭祀土地神的祭典。

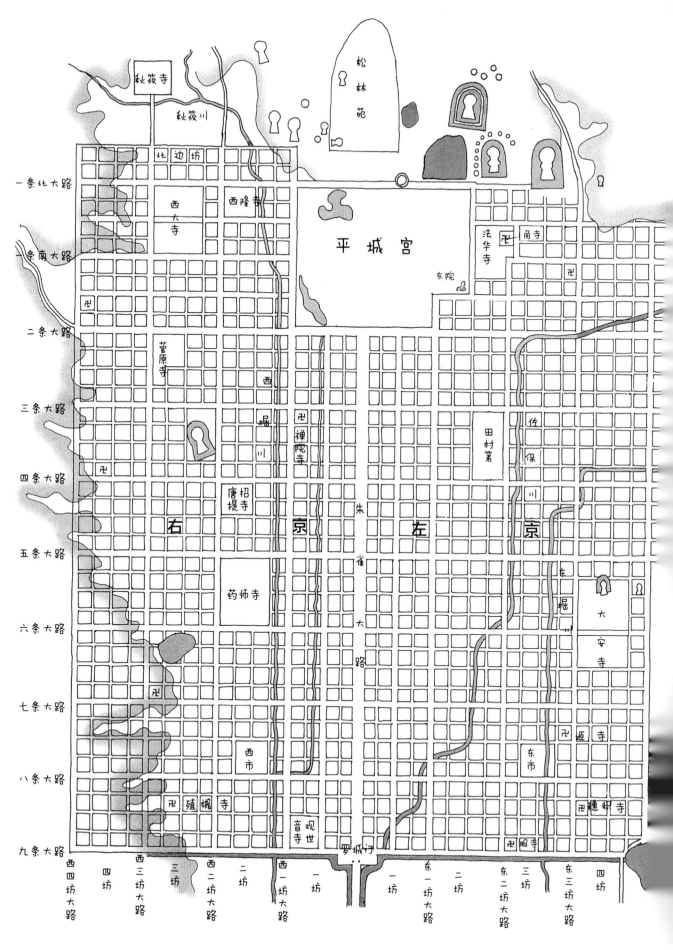

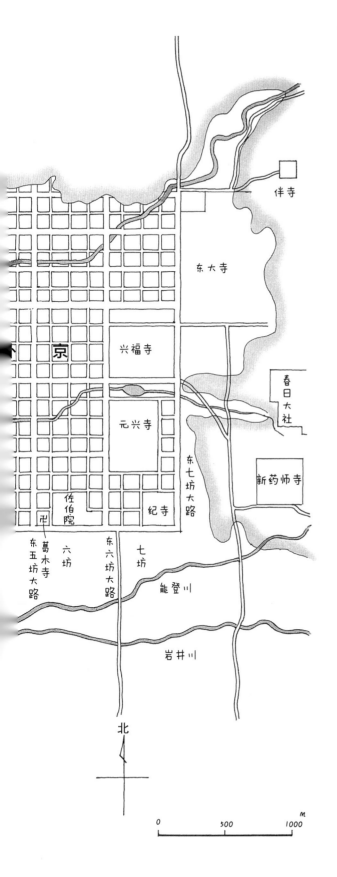

東大寺

伴寺

京

興福寺

春日大社

元興寺

新薬師寺

佐伯院

紀寺

東七坊大路

卍葛木寺

六坊

七坊

東六坊大路

東五坊大路

能登川

岩井川

北

0   500   1000

M

广大的平城京平面规划

平城京的都市计划应该是在元明天皇的主持之下进行的。在工程开始之前，都城整体的平面图先完成了。

平城京的平面规划遵循着古代都城的"条坊制"，即以京城中央南北向的朱雀大路为中心，规划出棋盘状的整齐道路网。

京城的用地为南北长约 4.8 公里、东西宽约 4.3 公里的长方形。其北端的中央为平城宫，在平城宫面向朱雀大路，大路的右侧（西）为"右京"，左侧（东）为"左京"。此外，自北至南有从"一条"排至"九条"的东西向大路；南北向大路则从最靠近朱雀大路的地方开始，东西各有四条，即"一坊"至"四坊"大路。"条坊制"一称，便是来自这些条大路、坊大路。

在左京的东侧，另建有以五条大路为南限、七坊大路为东限的"外京"。另外，在右京的北边也有一个突出于外的区域，称为"北边坊"。

大路切割出来的方形区域称为"坊"。每一个坊又被东西向及南北向各三条小路切割成四等份，一共分成十六个小区块，这些小区块称为"町"或"坪"。

此外，京城在右京设有西市、左京设有东市作为公共市场，还规划有大安寺、兴福寺、元兴寺、药师寺以及其他大小寺院的建地。

朱雀大路的南端为罗城门，罗城门以南衔接下道，直通藤原、飞鸟、河内等地。

日本的都城没有城墙

传说平城京是仿照唐代都城长安建造的。然而，随着对平城京与藤原京挖掘调查的深入，更多证据显示，平城京应该是以藤原京的格局为基准扩建而成的（见26页）。

从平面来看，藤原京南北纵向较长，宫城靠北设置，宫城的北方有园池。此种规划设计，被

认为与北魏的洛阳城十分相似。隋唐长安城的布局也如同北魏洛阳城，将宫城设在北边，宫城之南为官署所在的皇城。皇城的东南方设东市，西南方设西市，京城的东南方有曲江池。此种布局与平城京有很多相似之处，所以也不能说平城京完全未受长安城的影响。不过，平城京的直接蓝图应该是藤原京，而非长安城。

周边有围墙环绕的城塞都市（都城）广布于世界各地，而相较于其他国家的都城，日本都城的最大特征在于其开放性。日本的都城不在周围筑造城墙（中国称为罗城），顶多只是在京城正门的罗城门两侧竖立两道象征性的墙而已。这是因为日本虽有内乱但少有外敌入侵，所以会产生此种无防备的都市形式。

平城京的东、西、北三面环山，南面朝向奈良盆地洞开，但建有人工壕沟。而且京城的东边至南边皆有河川分隔，由此可见，因为当地有完整的天然地势屏障，人们才选择此处建设都城。

后来的平安京完全承袭了平城京这种较开放的都市形式。而日本近代的城郭都市，除了在中心的本丸加强戒备，周边皆为开放性的市町区划，这应该也是承袭奈良时代以来的传统。至于中世的镰仓及秀吉时代的京都御土居，可说是日本相当罕见的都城类型。

大明宫

太极宫

皇城

西市　东市

曲江池

唐长安城

宫城

平城京

西市　东市

M
0　1000　2000　3000

平城京的住址一目了然

由于京城的街区十分规则，所以地址的表示方式让人一目了然。首先分为右京和左京，再以条、坊大路表示坊的位置。换句话说，就是以某地所在坊南边的条大路，加上坊外侧的坊大路，来表示该地所在的区块，例如右京四条三坊的标示方式。在坊的区块里，以一坪到十六坪来标示位置，坊内最靠近朱雀大路的北角为"一坪"，依序往下数，第二列则由下往上数，第三列再由上往下数，依此类推出十六块地区的号码。

因此，依据文献史料上记载的约五十组平城京时代的住址数据，便可以具体得知当时这些居民住在京内的哪个位置。以著名的《古事记》编纂者太安万侣为例，后人从他的墓地找到记载着他功绩的墓志，上面有他的住址，因此得知他生前居住在左京四条四坊。此外，从西市的地址为右京八条二坊，东市的地址为左京八条三坊，亦可掌握其具体的地点。

平城京整体的坊数为八十七坊，坪数则将近一千四百坪，全部住宅都能以简便又有效率的方式标示出来。从现在的地形来看，京城西端的右京四坊除了二条到五条之间，皆为矢田丘陵的支丘所盘踞，没有明显的大路、小路痕迹。由于所见皆为一片自然地形，推测这一带应该没有建设道路网。不过，史料上记录了"右京九条四坊"有人居住过，因此，此种住宅标示方式不一定意味着有道路实际存在，它只是标示地点的坐标而已。

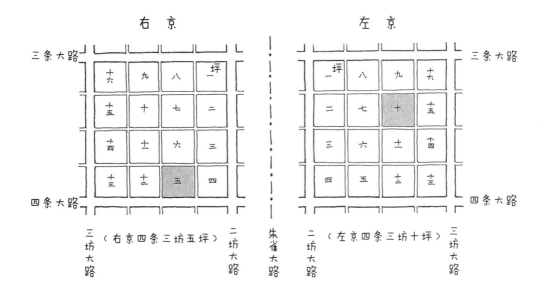

从大路与小路的建设工程着手

平城京的道路网建设工程是如何展开的呢?

道路网工程是以贯穿奈良盆地中央的三条南北大道之一的下道为基准进行的。当时下道的两侧挖有壕沟,我们称为"侧沟"。下道的路面宽度以两边侧沟中心的距离(称为侧沟间)来计算,约23米。人们将此路面拓宽成72米,使之向北延伸,成为京城中心线朱雀大路。挖掘调查发现,下道的痕迹也贯通到平城宫,并延伸至北方,由此可证明平城京的道路网是以下道为基准。

接着,以朱雀大路为轴,各大路以一千八百尺(约540米)为间隔,各小路以大路间隔的四分之一,即四百五十尺(约135米)为间隔划出区块。如此一来,左京东边的四坊大路恰好与原有的中道衔接,与藤原京东边的四坊大路也在同一直线上(见27页)。

藤原京的大路间隔为九百尺(约270米),大路与大路的中央再分出十字形的小路,大路与小路的间隔为四百五十尺。换句话说,平城京虽承袭藤原京的基本格局,但大路的间隔是藤原京的两倍。

不过,平城京内也有像藤原京一样大路间隔为九百尺的地方,就是朱雀大路与东、西一坊大路中间的大路。我们称这两条大路为东一坊坊间大路、西一坊坊间大路。此外,在一条大路的北边以及一条大路与二条大路的中央,也有同样的大路,分别称为一条条间大路与二条条间大路。上述四条条、坊大路都通往宫城的城门,这是仿照藤原京的设计而特别规划出来的大路。

确立了大路与小路的基线之后,人们把这条基线定在中央,依此设定道路的宽度。当时平城京的大路宽窄各有不同。通往宫城城门的大路以及围绕宫城的大路,考虑其重要性与交通量较大,所以路面较一般的大路更宽。

所有的大路两侧都有围坊而建的"塀"(围墙),若以塀与塀之间的距离来表示道路宽度,则如同以下所述:

首先,作为中央大道的朱雀大路是最宽的一条路,宽约三百尺(约90米,以侧沟间计算为二百四十尺,约72米)。连接宫城南边的两条大路的宽度只有朱雀大路的一半,为一百五十尺(约45米,以侧沟间计算为一百二十尺,约

36 米）。位于宫城东、西两边的东、西一坊大路，以及通往宫城南面之东、西门的东、西一坊坊间大路，路宽都是一百一十尺（约 33 米，以侧沟间计算为八十尺，约 24 米）。其余的一般大路路宽为八十尺（约 24 米，以侧沟间计算为五十尺，

约 15 米）。

小路的道路宽度则设定在侧沟间二十至三十尺（约 6—9 米）内。以目前挖掘出来的近二十处的情形来看，多半是以二十尺为基准。

町的土地区划

由前述的大路、小路划分出来的一町（坪）的土地应为四百尺见方（边长约 120 米）。

回溯藤原京的道路宽度，若以侧沟间计算则大路为八十尺，小路为二十尺。大路与小路的"心心间距离"（从大路的中心到小路的中心之距离）为四百五十尺，扣除大路加小路的一半路宽即五十尺，则刚好得出四百尺见方的土地。

而平城京一町的大小却是形形色色，无法如此简单地计算出来。因为平城京的大路间距离为藤原京的两倍。

藤原京的一坊由四町组成，每一町都有某些部分与大路相连。而平城京一坊里的区块数是藤原京的四倍，即十六町，因此有些町不会与大路连通。这些不与大路连通的町，边长为小路与小路的心心间距离，即四百五十尺减去小路路宽二十尺，等于四百三十尺（约 129 米），因此土地面积为四百三十尺见方，比普通的一町要大一些。

平城京内的大路路宽也有差异，所以与路面最宽的朱雀大路及二条大路连接的町土地面积很狭小。

平城京内与一坊大路及一坊坊间大路相连的坪，与藤原京的一町面积一样大。与一般的大路（例如二坊大路）相连的町，因大路宽度以侧沟间计算只有五十尺，较藤原京的大路窄，所以町的面积照理会比四百尺见方大一些。可是，平城京内的坊都建有称为"筑地塀"（见 34 页）的坊垣（坊间围墙），将大路路宽以塀间距离计算调整成八十尺，小路侧沟至坊垣的距离就变成四百尺了。

另一方面，对于前面提到的由小路围起来的较宽广的町，会用一些方法削减多出来的地。例如左京八条三坊的东市北边发现了与小路（路宽

二十尺）相连的同样宽度的空地。此外，在右京二条二坊及左京八条一坊里，都发现有宽十尺（约 3 米）的道路将坊一分为二，用来调整坊的面积。不管用哪一种方法调整，得到的町的大小都接近四百尺见方。

诚如上述，平城京承袭藤原京的形式，将土地划分成一个个四百五十尺见方的格子，大路、小路机械式的切割使得町的面积有大有小。到了后来的平安京时代，因为有先前的经验可依据，所以无论路面的宽窄如何，每町的面积皆以塀间距离计算，调整成四百尺见方。

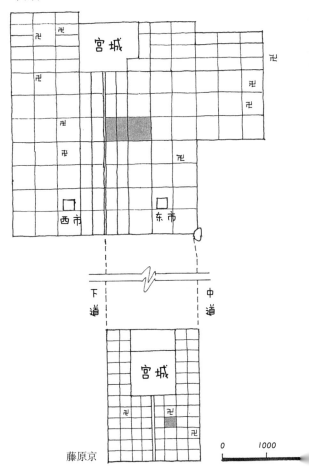

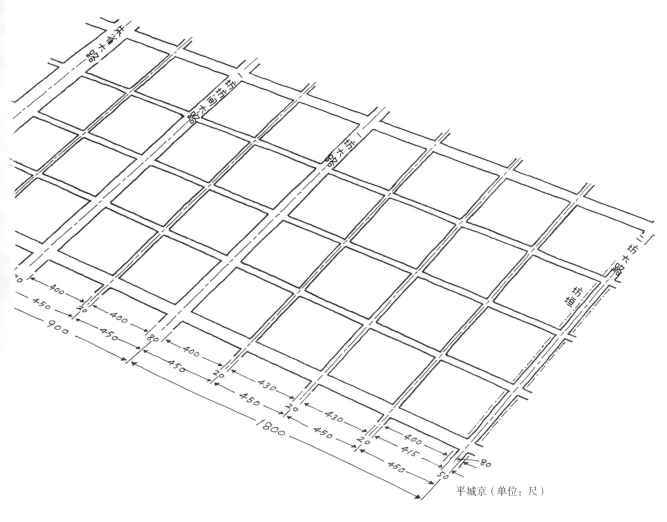

平城京（单位：尺）

不过，以"条里制"划分的水田，一町为三百六十尺（边长约108米）见方，为何都城的一町会是四百尺见方呢？

藤原京与平城京都是以下道和中道为建造条坊的基准线，而这两条道路的间隔距离恰好为水田条里十八町即三里。条里的五町则为三百六十尺乘以五町，即一千八百尺（约540米），刚好是藤原京的二坊、平城京的一坊长度。这结果应该不是巧合。

建造京城的时候，人们大概是利用水田里的里道及田埂来测量方位和距离的吧，如此便能理解，京城的一町和条里的一町之间，应该是有着密切关系的。

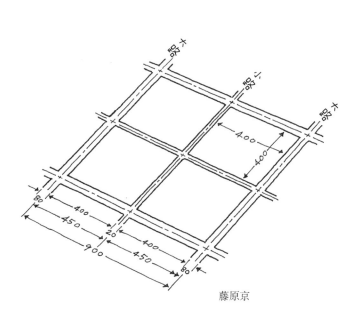

藤原京

挖掘人工河，搭建桥梁

除了道路的建设工程，运河的开发也积极地展开。

流经平城京的河川有源自春日山的佐保川和源自西北佐纪丘陵的秋筱川，这两条河在平城京的五条至罗城门之间汇流，顺着此流又有源自春日山及高圆山的能登川、岩井川、地藏院川等支流汇入一同南下，这些河流早在平城京以前就作为下道运河为人们所利用。

下道运河沿下道的东侧向南流，与藤原京内的飞鸟川汇合，是联系奈良盆地南北的大动脉。罗城门南边碑田附近的挖掘调查发现，该运河的宽度约有 12 米，深度为 1.5—2 米。

随着平城京建造工程的进行，该运河流经京内的部分逐渐被掩埋，只留下罗城门以南的部分。京内重新挖凿了右京两条、左京一条，合计三条堀川（见 20 页）。

右京的西堀川是将秋筱川原来的河道截弯取直而来的，在右京的二坊内笔直南下，而在八条一带与流经西市东侧的堀川汇流，之后继续南流至京外，与下道运河汇合。

右京的另一条堀川，由于八条附近的挖掘调查工作而在近年被发现。该条堀川沿着西一坊坊间大路的西侧兴筑，北起二条大路，南经八条大路附近西折，与西堀川汇流。另外，平城宫的西南隅还有利用旧秋筱川水源建造的大水池，与宫城外的西一坊坊间堀川相连。西堀川接收生驹山系及矢田丘陵的水流，雨季时河水量相当大。因此，坊间堀川作为西堀川的疏洪道，发挥了调节水量的作用。

另一方面，左京的东堀川于左京中央的三坊内往南流，流经八条的东市内部。向北至四条一带往东折，直抵现在的猿泽池，往南则流向京外，与现在的地藏院川汇流之后，往西流衔接下道运河。

左京内还有水路稳定的佐保川，是京内主要河流。佐保川在左京的北半部几乎是沿条坊而流，至南半部则往西南斜行，在罗城门的东侧流出京外，与下道运河汇流。

京内的堀川及河流分割着大路与小路，因此必须搭筑非常多的桥梁。加上住宅地出入口及道路交叉点的侧沟也会搭建桥梁，所以平城京内的桥梁数目，说不定已超越了有"八百八桥"之称的大阪。

京内的桥梁种类因河面或道路的宽度而各异。对于比较小的沟渠，只在上面横放木板或数根圆木即可。至于 2—3 米的沟渠，桥梁的结构较为严谨。先在沟渠两岸打入数根桥墩至沟底，再把梁架在桥墩上，铺上木板，作为桥梁。

东堀川（河面宽度约 9 米）的挖掘工作中发现的桥梁，是以木栓及绳索将每一片木材组合在一起建成的。这是为了洪水来袭之前拆卸桥梁方便。在其他地方还发现了栏杆支柱上的装饰物（瓦制的仿宝珠），可见也有附设栏杆的华丽桥梁。在京城外，人们发现了横跨下道的大桥，长约 17 米，宽约 12 米。

从上述的挖掘调查可以知道，木造桥梁的搭筑技术从奈良时代到近世，基本上没有太大的改变。

桥桁

梁

桥脚

拆卸建筑物移至新京

　　平城京的兴建工程马不停蹄地进行着。天皇下诏迁都之后，来年的 709 年（和铜二年）九月，政府提升负责监督工程的造宫省官员的官位，授予其奖品，要求加快宫城的建造速度。

　　710 年（和铜三年）三月十日，日本实行迁都。一座比藤原京大三倍的新京城，从开工到完工，居然只花了一年四个月的时间，实在令人不敢相信。事实上当时的宫城还算不上完工，既然如此，为何要急着迁都呢？这或许是出于政治上的考虑，觉得旧都已不符合需求，不过最大的原因应该是新的都城可以实现元明天皇的理想，这位女性天皇握有完整的指挥权，决定工程的进展。

　　此外，日本能够如此迅速地完成迁都是因

　为新京城大部分的建筑物都是从藤原京移建过来的，不只宫殿及官署，还有贵族、官员的宅邸，甚至一般庶民的住宅，都是在藤原京拆解后，运送到平城京的。这些建筑物的年龄最长的有十六年，少则数年，甚或有工程进行到一半的，总之都是还堪使用的建筑。

　　因此，平城迁都的第一步，就是从旧京到新京的大规模运输任务。作为交通路径的中道、下道以及下道运河，发挥了无法计量的功用。如前所述，平城京的条坊建设应是利用了旧有的土地规划，此外人们向来看重的水田及河流的管理，也促进了迁都早日实现。

开启平城京时代

飞鸟　明日香故里　今挥别远去
君所居处　恐再不得见

可以想见迁都当日，元明天皇率领皇亲国戚，浩浩荡荡地由朱雀大路笔直往北方行进的场面。告别飞鸟旧都，这声势浩大的队伍从宫城的正门朱雀门进入新城，开启了新的平城京时代。

自710年（和铜三年）迁都之后，除了中间宫城曾短暂移往他处，至784年（延历三年），平城京一共经历了七十余年的历史。其间有元明、

元正、圣武、孝谦、淳仁、称德（孝谦天皇再度即位）、光仁、桓武八代七位天皇将宫苑设于平城宫，在此统治全国。

平城宫建于连接奈良山的佐纪丘陵南斜面，所处地势稍高，坐北向南，俯瞰京内。占地八町，约一公里见方的面积。后来又在东侧扩建了东院，在北侧增建了松林苑。宫城四周由筑地塀式的大垣（宫墙）围绕，东西南北分别设立三门，合计有十二个宫城门。其中位于南面中央的称为朱雀

门。目前除了连接东院的城门以及北面的城门有待确认，挖掘调查已确认了七座城门的位置。

元明天皇迁都至平城京的时候，宫城的建造工程并不顺利。顶多只完成了整地工作，并将大极殿、朱雀门以及主要的官署等建筑物移建到平城京而已。

文献显示，迁都之后的一年六个月，"从全国各地招募来的役民（以劳动代替纳税的人），对于都城的兴建工程已感疲累，逃亡者众，而宫城的大垣仍未完成"。可见迁都的那一刻，连宫墙都还没有盖好呢！

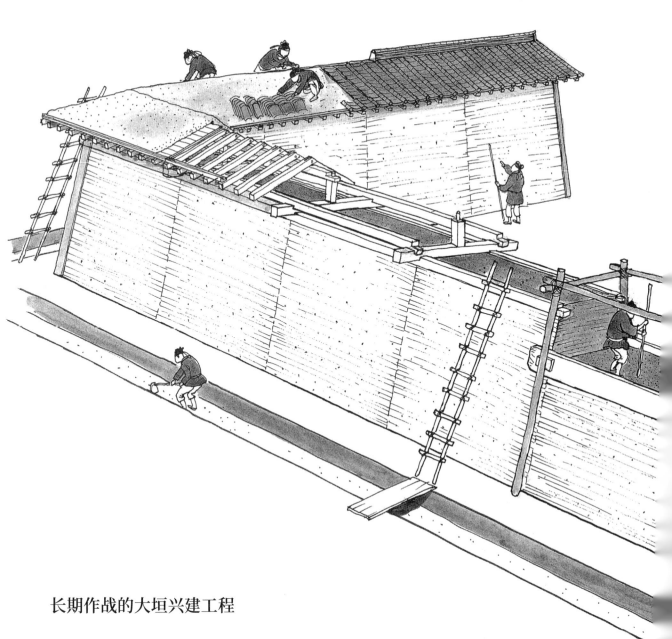

长期作战的大垣兴建工程

大垣的兴建工程以朱雀门为起点，东西两边各自作业，因此，朱雀门东西两边的大垣方位有些微出入。

人们在当时还没来得及兴筑大垣的地方暂时架设掘立柱塀，再依据工程进度依序拆除掘立柱塀，改建筑地塀。东院南面的大垣等若干地点，发现有当时作为临时性围墙使用的掘立柱塀的遗迹。东院的扩张工程推测是在养老年间（717—723）进行的，可见迁都之后经过七八年，仍然有临时性围墙的存在。

不仅如此，这些作为临时性围墙使用的掘立柱塀，似乎是从旧都城运送过来的旧墙。藤原宫的大垣为掘立柱塀，但是根据对塀迹的挖掘调查，藤原宫大垣所有的柱子都被拔掉了。想必是拿去作为平城宫大垣的临时性围墙了。

藤原宫大垣的掘立柱塀也用在平城宫的其他地方，例如排水用的下水道（暗渠）上。人们首先挖空圆木的芯，做成加盖的空心长条木管，将两头都挖通，然后管管相接做成水道。此外还发现了使用木方并以相同方式做成的水道。

研究发现，无论圆木还是木方，都利用了旧有的掘立柱和栋木（屋顶最高处使用的木材），从木材上遗留的痕迹看，可以确定它们是取自藤原宫大垣的掘立柱塀的木料。除此之外，平城宫西边的马寮[1]等官署之墙，用的也是藤原宫大垣的柱材。

筑地塀是自下而上把土夯实做成的土墙，建造它需要相当多的劳力。兹依步骤介绍此种筑墙方式。

工具方面，需要四根圆木（支柱）和两片木板（堰板），以及夯土用的木杵。首先将圆木两两并列，将其底部插入地下，以横木连接四根圆木的顶端。接着在圆木的内侧加上堰板作为框板，在框板内注入泥土，再在框板与圆木之间钉上楔子，这样准备工作就算完成了。如果使用太湿的土，干了之后容易产生裂痕，所以要用比较干的土，并用木杵垂直夯打，使框板内的土可以平均压实。将10厘米厚的土夯打至6厘米左右（60%），填入一层土，再夯打，不断重复同样的步骤。待夯实的土的厚度与堰板同宽，则拔掉楔子，取下堰板，把堰板往上移动，再重复前述的作业。此种筑墙作业方式称为"版筑"，一般而言，版筑层的一层厚度在数厘米到10厘米之间。

平城宫大垣的筑地塀，在版筑的土墙上方搭盖屋顶，覆上瓦片，才算完成。大垣屋顶的工程并不是等版筑全部结束之后才进行，而是一有完成的版筑，就立刻在上面加盖屋顶。虽说是夯实的土，但土墙毕竟不堪风雨吹打，所以版筑与架设屋顶的工程同时进行比较经济。

筑地塀的建造作业相当费功夫，进行得不是很顺利。迁都一年六个月后的文献中出现了"大垣尚未完成"的叙述，由此看来，想必是人们一开始低估了筑地塀工程所需的时间。

平城宫的大垣若含东院在内，总长有4.5公

---

1 马寮：管理宫中马匹的官署。

里。扣除宫门的部分，筑地塀总长约4.2公里。挖掘调查发现筑地塀的地面部分宽度（基底幅）为九尺（约2.7米），推测上端应该较窄，只有七尺（约2.1米），高为十三尺（约3.8米）。

要完成如此规模的筑地塀，想必动员了相当多的人力。现参考平安时代的《延喜式》木工寮（掌管宫城营造的官署）等的规定，估算其所需的人员数量。

首先，参与整个宫城筑地塀作业的人员约需4万人，运土作业需2万—3万人，搬运瓦片的作业约需8.5万人。此外，大垣的瓦片几乎都取自藤原宫的旧瓦，假设还要再补制两成的新瓦，制作新瓦的人，加上协助铺瓦片的人，合计约需5 600人。

结果，参与筑地塀相关作业的人员需6万—7万人，瓦片相关作业约需9万人，加上从事屋顶工程的工人需4万—5万人，合计平城宫的大垣工程大概动用了20万人力。以一天100人来计算，需要2 000个工作日才能完成。换句话说，如果一年工作300天，则需要六七年的时间。

再者，筑地塀不只宫城内才有，还包括京内八十多个坊的全部围墙。由于塀的规模较宫城小，建筑这些坊垣所需的人数只要宫城大垣的八成左右，但即便如此，光是版筑与架设屋顶也需要超过600万的人力，若以一日2 000人来计算，需要十年的时间才能完成。

如此大费周章兴建的平城宫大垣，至少经历过两次全面翻修，这一点我们从支柱的痕迹可以得知。在七十年间改建过两次，表示每一次修建都仅能维持二十年左右。建造于距今三百年前的法隆寺西院筑地塀，其建筑工法与奈良时代没有显著的差异，却一直保存至今未曾经过改建。相较于此，平城宫大垣的改建实在太频繁了。究竟是为什么必须改建呢？

平城宫的筑地塀，有使用寄柱和未使用寄柱两种。所谓的"寄柱"，是用来支撑屋顶桁木的角柱。此种角柱一般竖立于础石之上，进行筑地塀工程时靠着堰板的内侧而立，因此从筑地塀的外表只能看到寄柱的一面。未使用寄柱的筑地塀仅仰赖土塀支撑桁木之上的整个屋顶，构造较为松弱。然而，除了宫城内的朝堂及内里的筑地塀使用寄柱之外，大垣除了塀的直角转角部分以及连接门的部分之外，都未使用寄柱。

因此，大垣的筑地塀下半部容易因为风吹日晒而崩塌，使得大垣的寿命无法长久。而且，大垣版筑所用的土混杂了太多小石子，加上工程进度太赶，土没有充分夯实，未确实压打至60%的程度。

为了节省施工成本而省略了寄柱，加上施工过程的粗略，是让筑地塀提前风化的真正原因。人们欲以此种方式节省施工成本，结果反而增加了修缮费用。

京内除了坊垣为筑地塀之外，占地超过一町以上的寺院或贵族宅邸的围墙，也都采用筑地塀。另外，用来划分"坪"的，还有板塀、柴垣等类型。不过，不是所有的坪都设有塀。

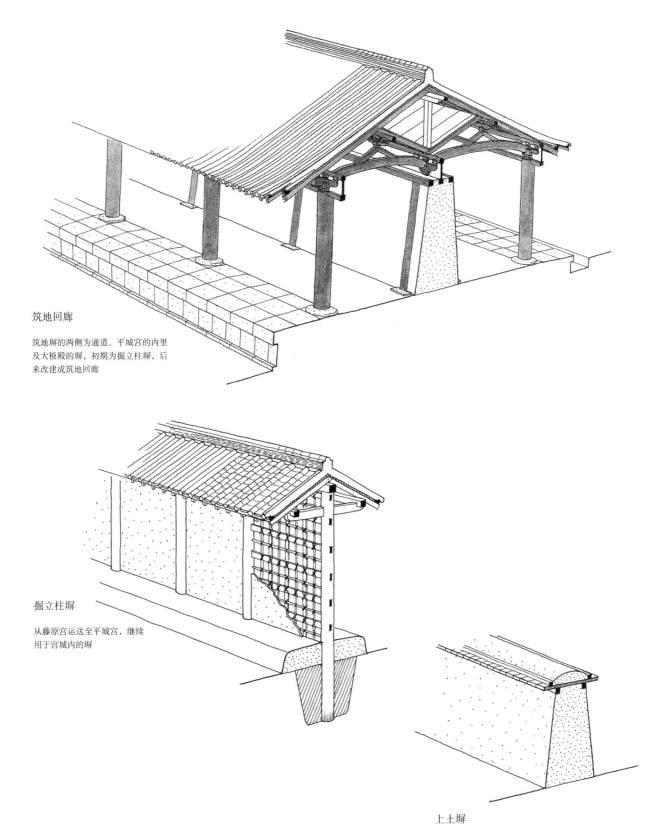

筑地回廊

筑地塀的两侧为通道。平城宫的内里
及大极殿的塀，初期为掘立柱塀，后
来改建成筑地回廊

掘立柱塀

从藤原宫运送至平城宫，继续
用于宫城内的塀

上土塀

屋顶是以土砌成的筑塀，京内一部分的塀采
用这种形式

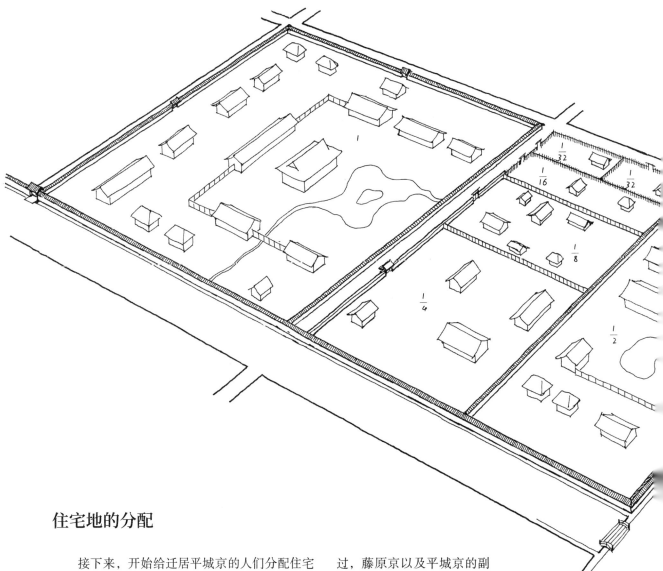

住宅地的分配

接下来，开始给迁居平城京的人们分配住宅地。按照一定的基准，地位高的人和地位低的人分配到的住宅地大小有别。根据奈良时代的文献，当时的住宅地大小分为二町、一町、二分之一町、四分之一町、八分之一町、十六分之一町、三十二分之一町等数种。此外，挖掘调查发现，距离宫城越近的住宅地面积越宽广，越远处的住宅地规模越小，由此可以推想当时的住宅地分布状况。

依照身份分配住宅地的"宅地班给"制度在平城京内的具体规定没有留下相关的记录，不过，藤原京以及平城京的副都难波京，关于住宅地有清楚的制度，我们可以此为参考，对照挖掘调查的实例，还原平城京的住宅地分配实态。

藤原京的住宅地分配比例为：右大臣四町，官阶四品以上的官员二町，官阶居五品者一町，六品以下的官员依据家庭成员数分为上户一町、中户半町、下户四分之一町。整体来说，各人分配到的住宅地都很大。相较之下，难波京的住宅地分配不到藤原京的一半。

平城京占地是藤原京的 3.5 倍，住宅地的分配基准不必像藤原京那样严格。截至目前，京内的挖掘调查发现，整个京域内的遗构和遗物的增加是在奈良时代中期以后，奈良初期京内人口并没有那么多，住宅的供给比较宽裕。

而且，从宫城到较远的八条、九条之间，有一些地方甚至没有初期的遗构或遗物出土，初期的坊大路或坊垣的筑地塀工程也没有扩及京域的边缘地区。到了奈良时代中期，大安寺、兴福寺、药师寺等大寺的兴建工程纷纷上马，京城才开始呈现整体繁荣的样貌，我们从遗构及出土遗物的分布情形可以得知。

另外，左京五条以北的一町以上住宅地，已确认了九处。这可佐证平城京的住宅地分配基准是承袭自藤原京的。或许正因为如此，才没有留下相关的文献记录吧。

那么，划分住宅地时，一町的面积究竟是以什么样的方式来确定的呢？诚如之前提过的，

一町的面积定为四百尺见方（边长约 120 米），约 14 000 平方米，相当于 4250 坪（此处的"坪"是面积单位）。

左为住宅地分割之一例，最小的住宅地为三十二分之一町，出现在奈良时代后期到末期，亦为土地买卖的对象。再来是十六分之一町的住宅地，这样的住宅地为数最多，是住宅地划分的基本单位。原本藤原京规定的基准是"官居六品以下的上户为一町"，并不是户主（一族之长）独占一町的意思。因为当时是大家族制，所以应指大家族中各家庭的住宅占地合计一町。平城京也是一样，根据官员大家族里的家庭数多寡，而分配十六分之一町至八分之一町的住宅地。

顺带一提，三十二分之一町的住宅地，可能没有小路与之连通。遇到这种情形，必须在住宅地的划分线那里开出信道，否则就没有住宅通往小路的出口了。三十二分之一町的住宅地在平城京内随着时代的演进而增加，至平安京时代，出现了"四行八门之法"（将一町划分成东西四行、南北八门的法则），作为一町内的住宅地划分基准。

平城京的住宅地划分

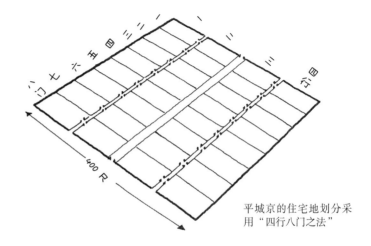

平城京的住宅地划分采用"四行八门之法"

都城的住宅为掘立柱式建筑

分配到住宅地之后，平城京的居民盖起了什么样的建筑物呢？研究人员从挖掘出来的住宅建筑遗构中发现，平城京内的住宅几乎都是掘立柱式建筑。

所谓的掘立柱，是在地面挖好洞（掘形）之后插入柱子，让柱子根部深入地下使之固定的形式。在平地或土台上采用掘立柱形式搭建的建筑物，就称为掘立柱式建筑。此种建筑形式，从内里正殿（正殿是指官署、宫殿等的主屋）等宫殿，官署、贵族宅邸到庶民住宅，被广为采用。相较于掘立柱式建筑，在础石上竖立柱子的础石式建筑相当稀少，仅见于宫城的门、大极殿、朝堂，官署的正厅、寺院等公共的象征性建筑。

毋庸置疑，掘立柱从远古时代便受到采用。持续约七千年的绳纹时代以及其后的弥生、古坟时代，建筑物的柱子皆采用掘立柱式。无论是竖穴住居的柱子，还是高床式仓库的柱子，通通都是掘立柱。一直到近代日本还有掘立柱形式的建筑物存在。此种古老的建筑技术目前已经消失，此前有将近九千年的历史。至于础石式的建筑方法，或是在地面搭建木制基座，再夯土于其上竖立柱子的土台式建筑方法，都是 6 世纪末以后才传入日本，至今只有一千四百年左右的历史。

因此，无论在全日本哪个角落进行挖掘调查，只要是有人居住过的地方，就很容易找到掘立柱的痕迹。平城京时代是掘立柱技法最为发达的时期，堪称当时住宅建筑之主流。接下来我们要一点点介绍此种建筑技法，在此之前先谈谈平城京以前掘立柱的历史。

最近大阪发现了一处距今二万三千年前的竖穴住居。此种建筑从绳纹时代早期（约

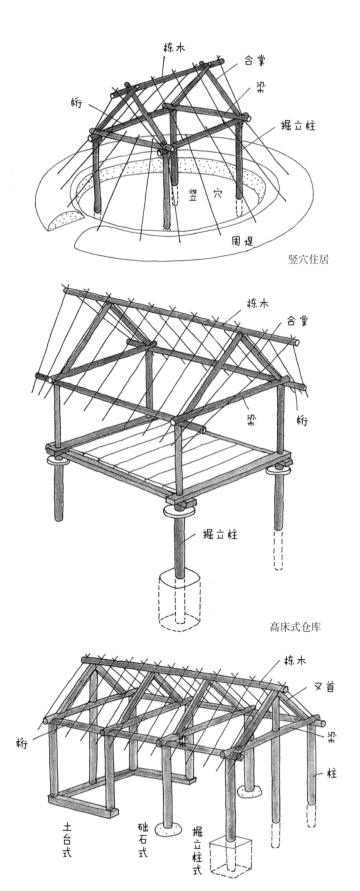

竖穴住居

高床式仓库

九千年前）开始普及，在同时代的前期广布于东日本。所谓的竖穴住居，是在地面挖出一个平坦的土穴，将土穴内部当成泥土地板，上面盖上屋顶的住屋。

初期的掘立柱式建筑物不同于竖穴住居，掘立柱是竖立于平地，屋顶不会碰到地面。此种建筑形式于绳纹时代前期从中国传入日本，经过绳纹时代，广布于东日本。在神奈川县池边的荏田遗迹发现的大量建筑遗迹，与三千五百年前中国殷墟遗址的掘立柱建筑是同一类。不知为何，此种建筑技术后来竟在东日本绝迹，而随着弥生文化一同在北九州地区登陆，开启新的发展。

为竖立掘立柱而挖掘的"掘形"，也因时代而异。以石器为工具的绳纹至弥生时代，掘形的大小只比柱子稍大一些，掘形平面呈圆形，深度仅止于手握石器能挖掘出来的程度（约 60 厘米）。在土质较为松软的低地，人们会将柱子下端削尖，直接插入土中。

弥生时代出现铁制农具以后，掘形的平面呈方形，深度达一米以上。这使得掘立柱式建筑物的发展向前迈进了一大步。不过，铁制农具都为掌握土地的有权有势者独占，因此从弥生到古坟时代，豪华的掘立柱式建筑都是地方豪族的居所。

藤原京与平城京时代的宫城和寺院采用青丹色（青绿色与朱色）的华丽大陆样式，但天皇及贵族的宅邸仍采用传统的掘立柱式，建筑成为一般的都市住宅样式。

手握石器挖掘柱穴
（绳纹至弥生时代）

土质较为松软的地方，则直接将柱子插入土中

使用铁制农具挖掘较大较深的柱穴

户主身份决定建筑形式

在奈良时代，尽管平城京内的建筑物一般为掘立柱式，但地方上仍以竖穴住居为主。尤其在东日本地区，出土了很多奈良时代至平安时代中期的竖穴住居村落遗迹。

畿内原有的竖穴住居村落至公元7世纪时已完全改建成掘立柱式的建筑群，所以平城京内完全看不到竖穴住居。而在地方上，大宰府（福冈县）及多贺城（宫城县，古代东北地区的城栅）等政府机构（国衙、郡衙）及官员（国司、郡司）的宅邸亦由掘立柱建筑构成。由此可知，如今称为"掘立小屋"并被视为简陋建筑物之代名词的掘立柱式建筑，在古代是一种高级的建筑形式。

在平城京内，人的身份、地位会左右住宅地的大小，以及建筑物的规模、形式和格局，人们几乎可以用建筑物来判断居住者的身份、地位。

最高级的住宅建筑当然是天皇居住的内里正殿。平城宫的内里正殿虽经过四次改建，不过，四次的建筑规模都一样，为桁行（建筑物正面的宽度）九间、梁间（建筑物的纵深）五间的四面庇建筑。所谓九间、五间，是指柱子与柱子的间隔（柱间）有九个、五个之意，而非尺寸的单位。所谓四面庇，是指位于建筑物中心的正堂（其格局为桁行七间、梁间三间）之四面，皆设有庇[1]的建筑形式。该建筑物的柱间是十尺（约3米），所以面积约为400平方米，约120坪大。挖掘调查时发现柱穴遗迹有大量的桧木皮出土，因此推测屋顶是用桧木皮葺成的，柱子等木质部分未上色，保留了木材的原色。

如同内里正殿一样，正堂为梁间有三间的四面庇形式住宅，事实上别无他例。因为梁间宽大，相应地，栋木的位置也高，屋顶也大，建筑物的

规模便不同于一般。而且，四面庇建筑的屋顶采"入母屋造"[2]形式，比起二面庇建筑采用的"切妻造"[3]屋顶更为高级。

贵族的宅邸不可以盖得比内里正殿还要高级。以现在奈良市政府所在地左京三条二坊十五坪为例，在一町的住宅地上有如下的建筑物分建于东西两侧。一边是桁行九间、二面庇的建筑物，另一边是桁行七间、四面庇的建筑物。前者虽与内里正殿同为桁行九间，却是二面庇的切妻造建筑，等级低于内里正殿；而另一个四面庇建筑物，则

四面庇建筑（入母屋造）

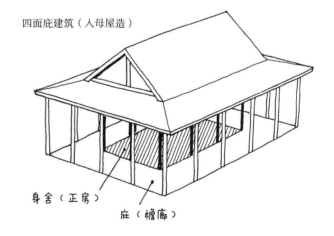

身舍（正房）

庇（檐廊）

二面庇建筑（切妻造）

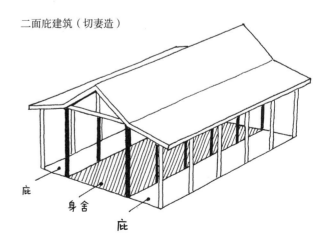

庇

身舍

庇

---

1 庇：檐廊。
2 入母屋造：类似中国建筑中的歇山式屋顶。
3 切妻造：类似中国建筑中的悬山式屋顶。

是桁行七间，规模较内里为小。不过，这两栋建筑物规模、形式皆继内里正殿之后，为相当高级的建筑，应该是身份地位极高的贵族的宅邸。

上述两栋建筑后来都在原地经过改建。原来桁行九间的建筑物改建成桁行七间的二面庇建筑，而原来桁行七间的建筑物则改建成桁行五间、二面庇的建筑，两者的等级都下降了。想必是居住者的身份较为低下，换句话说，是户主换人了。

那么，身份、地位更低的人，究竟住在什么样的建筑物里呢？以平城京"宅地班给"基准的十六分之一町为例，我们来看看左京八条三坊九坪的情形。此处有两三栋建筑配置其间，桁行为二至三间、无庇或是仅有一面庇，面积在10—30平方米之间，屋顶为茅草屋顶或木板屋顶。随着住宅地扩大到八分之一町、四分之一町及二分之一町，面积内的建筑物数量增多，主屋的规模加大，有"庇"的建筑物数量也增加了。

可见当时建筑物的规模与庇的形式，是根据居住者的身份阶层而有严格的规定的。

内里正殿

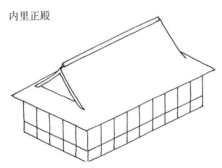

四面庇　桁行九间　梁间五间（入母屋）

身份地位极高的贵族之宅邸

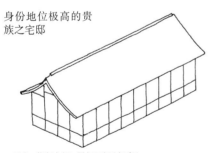

二面庇　桁行九间　梁间四间（切妻）

四面庇　桁行七间　梁间四间（入母屋）

普通官员的住宅

二面庇　桁行五间　梁间四间（切妻）

一般庶民的住宅

一面庇 （切妻）

无庇建筑 （切妻）

43

宫城的改建

新的国都以宫城为中心，逐渐具备都城的样貌。

然而，姑且不论庶民的住宅，宫城内的建筑物全都是从藤原宫搬过来的旧建筑，影响了新宫城的美观。因此政府拿出宫城的大规模改建计划，并付诸实行。715年（灵龟元年）元明天皇退位，由其女元正天皇（文武天皇的姐姐）继位。这两位女性天皇都是因为首皇子尚未成年而先代之继位，她们推动了新都城的整备工作。

宫城和寺院一样，欲在宽广的土地上营造大量的建筑物，一开始便需要有严谨的计划。人们根据计划确定建筑物的规模和位置，然后画出平面配置设计图。

首先要在设计图上画好方格线，平城宫设计图的每一个方格边长是一寸（约3厘米）。然后将十尺（约3米）的柱间宽度缩成图上的一寸长，如此便画出一张百分之一比例的缩略图。

目前东大寺的正仓院里还保存有画在麻布上的东大寺讲堂院的平面配置图。该图即百分之一比例的平面图，以一寸表示十尺的方格线标出讲堂、食堂、僧房等建筑。图上的础石分布与现今的遗存相当一致，可见当时东大寺讲堂院的建造工程是根据该图进行的。

想必平城宫也是像这样依据平面配置图来施工的。兹举一有力的例证。我们从内里第二期工程的遗构可以得知，南北六百二十尺（约186米）、东西六百尺（约180米）的区划是以十尺为一丈的方格为最小单位的。将方格线的交点对准柱子的位置则会发现，内里正殿以下的十几栋建筑物的位置也都完全与图示吻合。

不过，东西的六百尺并不是分成六十间，而是五十九间。如果划分成六十间，位于东西中轴线上的正殿及门的正中央，就会刚好在柱子的位

置上。为了避免此种情形，才特意分成五十九间。可是，为什么不从一开始就把东西向定成五百九十尺呢？经过实际测量，东西向的一间的确比南北向的一间（十尺）多出一寸七分（约5厘米），所以五十九间恰好等于六百尺。

平城宫及多贺城的遗址出土了写有九九运算表的纸片，显示当时的人们已经懂得复杂的乘除法运算了。将六百尺划分成五十九间的计算，应该难不倒他们。

如何搬运木材

营造新建筑物的木材必须从遥远的山林里砍伐，并运送下山。幸好平城京的水运相当发达，有利于运送木材。从伊贺（三重县）、近江（滋贺县）等地经由水路运送过来的木材在泉川的码头（泉木屋）上岸，再经过奈良等地陆路运送至建筑地。所以泉川后来又被称为"木津川"。另外，从奈良盆地南方的吉野一带采伐收集的木材，可以从吉野川及大和川经由下道运河，直接运送至京内。

木材绑成竹筏之后顺着河川或运河的水流向下流而去。上岸之后，人们用修罗（搬运巨石巨木的木橇）运送，或是一根根交由马匹或人力来拖运。为了绑上搬运用的绳索，木材上留有目渡孔（又称为筏孔）及轮状的切痕。挖掘调查发现，残留在地下的部分柱根，其下端的侧面有两个相通的孔。这两个孔就是目渡孔，是将木材绑成木筏时用来穿绳索或蔓草的。另外少数较细的柱根上还留有用来缠绕绳索的轮状切痕。

进一步调查发现，目渡孔并不是在原木上钻的孔，而是先用斧头将原木粗略地刨过之后才钻上的。可见当时人们是先将砍伐下来的原木送到切割木材的杣山制材所（称为"山作所"，是当时专营建筑用木材条伐、加工作业的事务所）制作成半成品，再将木材运送下山。

目前出土的平城京柱根，光是宫城内就超过 500 根。这些柱根的横切面都呈圆形，方形的角柱十分少见，顶多只有支撑地板的细柱（床束柱）才用角柱。此外，柱根的直径集中在 20—40 厘米范围内，相较于础石式建筑的柱子细瘦许多。至于柱子的树种，桧木约占 60%，伞松约占 36%，还有少部分是杉、枞、杨桐、常青橡树等树种。

柱根直径在 30 厘米以上说明木材树龄已有三百年以上。树木的年轮会因每年气候的不同而有所变化，若将树龄三百年以上的树木年轮变化画成曲线图，则相同年代的树木年轮变化对应着相同的曲线图。利用年轮的此种性质，可推测出采伐该树木的年代，这种方法称为"年轮年代测定法"。

采用此种方法测量平城宫柱根的年代，可以将其分成相隔二十年以上的新旧两组。旧的一组柱根的年代与藤原宫的柱根年代一致。柱根的年轮证实了从藤原京迁都至平城京时，移建了许多建筑物到新的都城。

将木材绑成木筏，使之顺水漂流

以绳索穿过目渡孔

在轮状切痕处缠上绳索

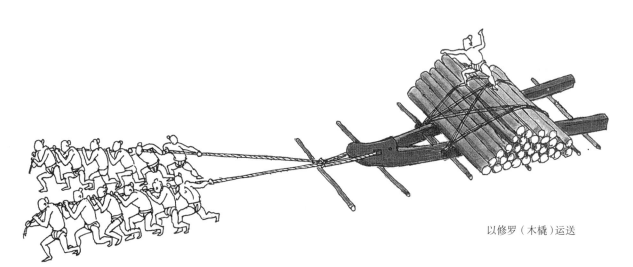

以修罗（木橇）运送

47

木材的加工法

　　木材半成品运送到建筑工地之后，还要进一步加工。

　　如欲制成圆形的柱材，需完成下列步骤。首先在柱材的顶部及底部分别弹出十字形的基准墨线。在十字的交点立一根针，画出一个圆，将每个四分之一圆分成四等分或五等分。连接顶部及底部的四等分、五等分线，在柱子的侧面弹出墨线。再依照墨线用斧头将木材削成圆柱状。不过，要埋入地下的部分不用再加工，保留该段木材的原样。这是考虑到木材根部会腐朽而采取的措施。

　　所以，大多数挖掘出土的柱根表面都只是削去表皮再粗略地削成圆形而已，底部还看得到为

了加工而弹画上去的墨线。

　　有些柱根的底部留有为加工成木方或木板而弹画的墨线痕迹，尽管这些木材后来还是削成了圆柱，但我们可以从这些墨痕了解当时的山作所是如何采伐木材的。

　　从柱根底部留下的痕迹，还可以知道当时使用的工具为何。当时木材加工使用的工具以手斧为主，但也有部分柱根留下的是锯子的痕迹。当时的锯子主要作为木工工具用来凿出家具或建筑零件的榫头（将木材凿刻出榫孔或榫头以接合），比较少用在木材加工上。一般还是先用长柄斧头切断树木，再用斧头或凿子将其加工成木材。

如何防止掘立柱的柱根腐朽

安装掘立柱之前，必须先挖好底面呈四角形的掘形。再将柱子插入其中，回填上泥土。

掘形的大小随建筑物的规模而异，平城京的掘形边长介于30—150厘米之间。以宫城内的官署为例，柱子直径若为30—40厘米，则掘形的直径为1米左右。庶民住宅小了许多，柱子直径为15—20厘米，掘形直径为50厘米左右。掘形的深度比掘形的边长再稍微多一点。

调查发掘出来的掘形状态，可以帮我们了解该建筑物是在何种状态下被废弃的。一种情况是

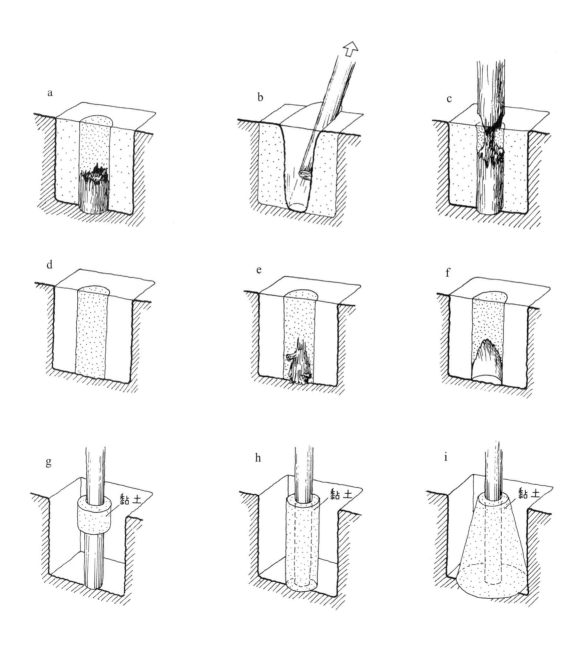

柱根被截断，还留在土里尚未腐朽（a图），或者柱根已腐朽，只留下圆形的柱痕。另一种情况是柱根被抽起来，因为是先插入锄头再将柱子抽起的，所以抽出柱子之后留下了细长的椭圆形柱穴（b图）。

第一种情况下被截断的柱根是否腐朽，受其所在位置的地形、土质、地下水位等条件影响。木材若同时接触水和空气（氧气）就容易腐朽，如果缺少其中一样，就不会腐朽。柱根的上半部之所以腐朽得比较快，正是因为越接近地表越容易受到含有空气的雨水侵蚀，空气进入土里的难易程度是决定柱根命运的关键（c图）。

柱子腐朽之后留下的痕迹也各有不同。如果是经过较长的岁月一点一点腐朽的，木材与土壤的微粒子会互相渗透，柱子会变成柔软的黏土状（d图）。木材的节点部位较不易腐朽，所以有可能残留下来（e图）。如果柱根急速腐朽而呈现空洞化，柱穴上方及周围的土会因此塌下、回填，使得原来的柱穴难以辨识，甚至只残留一小部分的空洞（f图）。

柱根遗迹的各种样态显示出建筑物尚未废弃之前，柱根就以不同的速度开始腐朽。以伊势神宫的"式年迁宫"（以二十年为一周期新建社殿、搬迁神宫）传统仪式为例，传说这是因为掘立柱的使用年限为二十年左右，虽然此说没有根据，不过从前述柱根腐朽后的遗迹分析来看，又不无道理。

掘立柱的柱根腐朽得最快也最深的部位，不是地板以上的部分，而是地板以下看不到的部分，因为这部分同时接触到最多的空气和水分。为了防止腐朽，当时的人下了很多功夫。为避免柱根直接淋到雨水，他们首先采取的措施是加深屋檐，做出有斜度的地板以便于排水等。接着，

为了预防地下水位高涨，他们在地板容易被周围的水浸透的地方，给埋入土中的柱根包上黏土。

g图所示的方式为平城宫第一次朝堂的第一期掘立柱所采用。人们给最容易腐朽的部位包上黏土，是非常聪明的做法。h图和i图所示给整个柱根都包上黏土的方法，则常见于京内的小规模建筑物。

上述方法是承袭飞鸟寺以来7世纪寺院之塔的心柱上所用的技法。如同j图所示，人们在心柱的周围安上副木，以绳索缠紧之后再覆上黏土，心柱下方的基坛[1]，则经过一次次的版筑，被仔细压实。

也许是改建的次数太多，或是柱子比较粗所以寿命比较长的缘故，平城宫内比较少见此种包覆黏土的工法。反倒是京内的小规模住宅使用得比较多。这反映了一般庶民想极力延长这些小规模建筑之寿命的那份辛酸。

1　基坛：建筑物的台基。

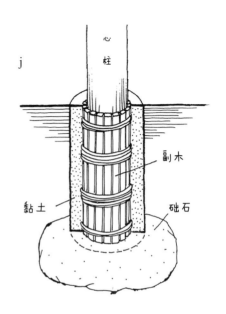

遗留在地下的古代建筑技术

建掘立柱是为了将柱子固定在土里,所以地基一定要稳固,否则建筑物的重量会让柱子往下沉。因此,用来埋柱根的土一定要压实,若地基原本就比较松软,那必须在掘形上多下一些功夫。

最常见的方法是在掘形底部铺上厚厚的一层

砾石或瓦片（k 图）,或是在柱子的底部铺上一块础盘（l 图）。础盘有石材、厚木板做的,或是使用木板与木方组成的材料。不管使用哪一种材质的础盘,都是要借由比柱子底部面积更大的础盘来分散柱子的重力,防止柱子下沉。

另外,还有更谨慎的方法可用来防止柱子下

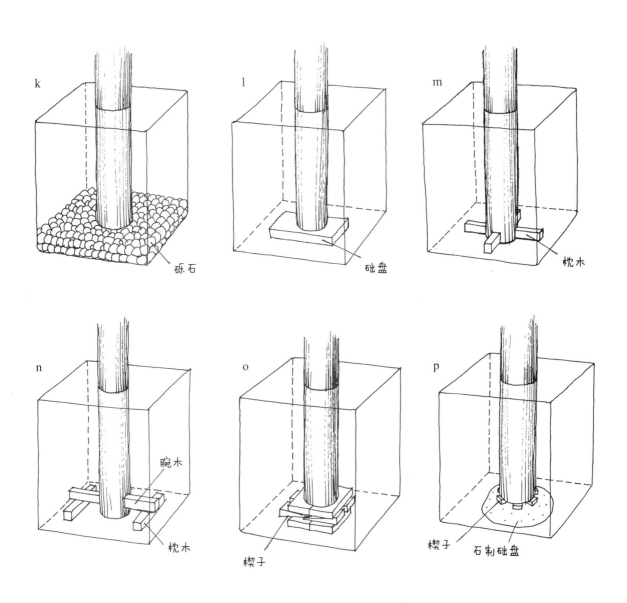

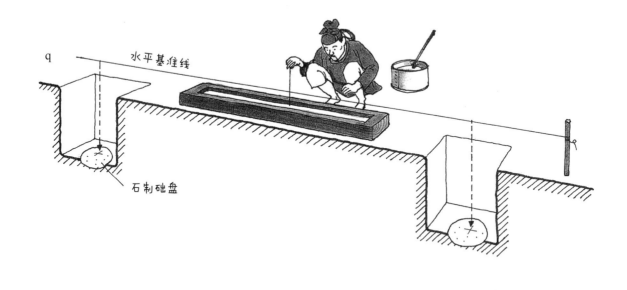

q　　　水平基准线

石制础盘

沉，就是利用横向贯穿的贯木或枕木，来分散柱子的重力。例如将枕木排成十字形置于掘形底部，柱子底部也挖好十字形的贯孔，将两者组合起来（m图）。或是先以腕木（横向贯穿并突出于柱子的木条）穿过柱子，腕木的两端再以枕木支撑（n图）。使用这几种方法的实例并不多见，不过，连看不到的地下都有这么周到的设计，实在令人惊叹。

　　砾石和础盘也发挥了调整柱子高度的作用。构成础盘的材料之间可打入楔子（o图），或是在石制的础盘上面将楔子排成一圈（p图）。这些楔子是用来微调柱子高度的，为了让掘立柱的顶端齐头，要调整柱子底下的砾石或础盘的高度。

　　另外我们还发现了如同p图的例子，在石制础盘上方正中央留有十字形的墨痕。很明显，这是用来标示柱子中心位置的基准墨线，以确定每一根柱子都等间隔地立在同一条直线上。具体做法是先在地面拉起水平基线，在该线上标记柱间隔的记号，从记号处垂下铅锤，而在掘形内的础盘上留下标示中心位置的墨迹（q图）。

　　若是排列在地面上的础石也就罢了，在那么深的掘形内的础石上也留下这样的记号，真是叫人难以置信。虽然没有找到其他同类的实例，不过内里及官署、贵族宅邸等高级建筑物，应该都是像这样对任何细节都毫不马虎的吧？古代建筑技术的精细和讲究，还真是超乎我们的想象啊！

竖立巨大的掘立柱

　　要将巨大的掘立柱竖立起来，需要一些装置。

　　增建于平城宫第一次朝堂南面的楼阁，使用了直径 72 厘米、掘形深达 2.8 米的巨型掘立柱。想徒手竖起这么大的柱子是不可能的，必须采取如下的措施。

首先，在柱子的下端分上下两段打穿互呈直角的贯孔，插入用来固定绳索的大木栓，让柱子可以悬吊起来。接着，在柱子的底部挖出一条沟，使柱子能如同图示在横陈于地面的圆木上滑行，并将柱子拉进掘形内。同时将柱子用滑车吊起来，安装到正确的位置。

还有一种情形，虽然柱子不像前例那样巨大，但比较长，不容易安装入掘形内，所以人们在掘形的某一面做出一个斜坡，让柱子的下端可以顺着斜坡滑下来。

至于普通大小的掘立柱，竖立的过程就没有那么困难了，大概只需要利用滑车或缆绳，几个人合力将柱子移入掘形内，使之竖立在有记号的位置上，再将泥土回填，固定好柱脚即可。

烧制瓦片的制瓦工房

日本最早采用瓦葺屋顶的建筑是飞鸟寺（588年动工）。自此至平城京时代，虽已逾一世纪，但瓦葺屋顶并未普及于一般的庶民住宅。不过，宫城内有大量的瓦葺屋顶建筑物。从大极殿到官署等重要的建筑物，皆为瓦葺屋顶。

当时的葺瓦方式称为"本瓦葺"，是以丸瓦（即中国的筒瓦）和平瓦（即中国的板瓦）交叠覆盖屋顶。瓦片的制作方法称为"桶卷造"，工匠在桶状的圆筒上包卷黏土，待其成形之后，制作平瓦则切成四片、需要丸瓦则切成两片。到了平城京时代，则是把黏土板置于横切面呈圆弧状的模子上，一片一片地压制成形。此种制瓦方式在奈良时代后半叶成为主流。

一般的平瓦宽度约有30厘米、长约40厘米、重约4千克，无论制作还是搬运都是大工程，而需要的瓦片数量又多得惊人。药师寺规模的寺院光是中心的伽蓝（寺院建筑物）就需要约30万

片瓦。至于平城宫所需的瓦片，第二次大极殿需3万片，第一次与第二次朝堂需80万片，整个宫城共需500万片左右。官署等建筑物又经过多次改建，需要重新烧制瓦片，整个过程中共制作200种左右的瓦片。这些瓦片可以概分为四个时期。

制瓦工房设立于平城宫北方的奈良山丘陵。整个奈良时代，制瓦工房的生产作业都未停歇。丘陵地带的瓦窑遗迹，每一处都集中有3—10座窑，共逾50座。西半部的瓦窑以古老的"登窑"为主，越往东半部则有越多新型的"平窑"分布。此现象说明旧的瓦窑完成使命之后，制瓦工房一一从丘陵的西半部往东迁移，重建新的瓦窑。奈良山丘陵的瓦窑在平城京时代的七十余年间，不曾间断地为宫城和京内供应着瓦片，是官制的制瓦工房。

寺院基本上由造药师寺司及造东大寺司等官署设立造瓦所，独立生产瓦片。不过，从藤原京迁移过来的寺院连瓦片都是从旧京搬运过来再利用的。其中有部分瓦片与平城宫的相同，应是来自奈良山的官制瓦。

瓦片的种类很多，在铺有丸瓦及平瓦的屋顶下端，排列了添加装饰纹样的轩丸瓦及轩平瓦；在屋顶的栋木部分叠上熨斗瓦，它的宽度只有平瓦的一半，在栋木的前端则装饰鸱尾及鬼板。此种"本瓦葺"的葺瓦方式沿用了约一千年之久，直到江户时代发明了将丸瓦和平瓦合成"栈瓦"。之后，栈瓦普及至全日本。如今，本瓦葺只见于寺院和城镇的古老街屋。

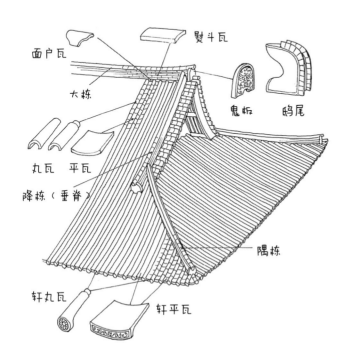

面户瓦
熨斗瓦
大栋
鬼板　鸱尾
丸瓦　平瓦
降栋（垂脊）
隅栋
轩丸瓦
轩平瓦

平城宫——圣武天皇时代

元正天皇时代的 721 年（养老五年），当时担任中纳言[1]的藤原武智麻吕（藤原不比等的长子），兼任了造宫卿一职。为迎接首皇子的即位日，宫城的改建工程正式展开。武智麻吕率领工匠，成为宫内改建工程的一线指挥。

为了彰显大极殿和内里周边的豪华气派，工程从增筑高殿、将内里的掘立柱改建为筑地回廊（见 37 页）开始，展开遍及整个宫城的大规模改建工程。一直到圣武天皇即位后的天平初年（729），才终于完工。

朱雀门北方的宫城中心一带，除了有平城宫初期便存在的大极殿之外，又增建了朝堂（四堂）。我们姑且称这一带为"第一次朝堂院地区"。

1　中纳言：日本古代朝廷之太政官成员。

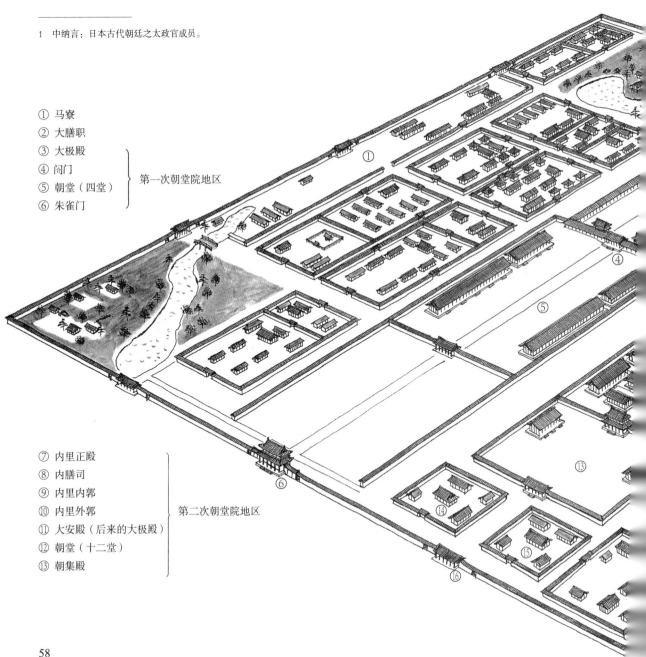

① 马寮
② 大膳职
③ 大极殿
④ 阁门　　　　　　第一次朝堂院地区
⑤ 朝堂（四堂）
⑥ 朱雀门

⑦ 内里正殿
⑧ 内膳司
⑨ 内里内郭
⑩ 内里外郭　　　　第二次朝堂院地区
⑪ 大安殿（后来的大极殿）
⑫ 朝堂（十二堂）
⑬ 朝集殿

其东邻一带为"第二次朝堂院地区"的所在。新建的大安殿（后来成为大极殿）与朝堂（十二堂）及朝集殿就位于这一区。此区的北边为天皇居住的内里。

第一次朝堂院地区与第二次朝堂院地区的关系，有过相当复杂的变化（见98页），不过在整个奈良时代，这两个地区作为宫城中枢的地位不曾改变。

除此之外，宫城内还有为数众多的官署和宫殿。以日本现今的首都东京来比拟，内里等同于皇居，大极殿和朝堂相当于国会议事堂，而官署相当于霞关的诸官厅了。奈良时代的这些机构或单位的职责与现今有很大的不同，不过大藏省、宫内省（今之宫内厅）的角色是从奈良时代至今都未曾改变的。

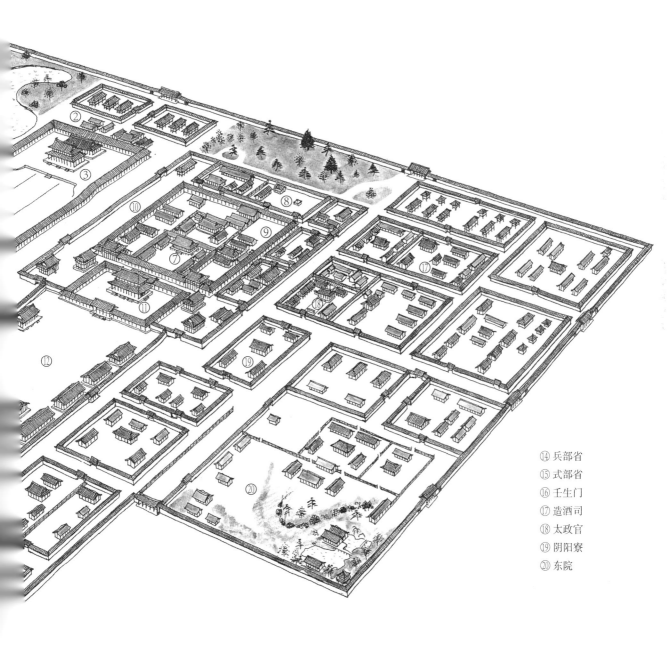

⑭ 兵部省
⑮ 式部省
⑯ 壬生门
⑰ 造酒司
⑱ 太政官
⑲ 阴阳寮
⑳ 东院

大极殿——宫城的代表建筑

大极殿位于宫城的中心，是举行天皇即位典礼及元旦朝贺仪式等国家大典时天皇出席的会场。其建筑规模为宫内最大：桁行九间、梁间四间、柱间十七尺（即柱与柱之间的距离约 5 米）。该建筑物的侧面及背面都有门扉和墙壁，正面采取开放式的构成方式[1]。它的屋顶为瓦葺，建筑方式为下设基坛的础石式建筑，木质部分涂成朱红色，是一栋豪华壮丽的中国风建筑物。

基坛的表面为石子地面，天皇的宝座"高御座"设立于大殿中央。这宽阔的基坛称为"龙尾坛"，正殿以及与正殿规模几乎相同的后殿（正殿的备用建筑物），皆建造于龙尾坛北侧。坛的南侧为广大的前庭，整个前庭被筑地回廊围起，自成一区。

天皇通常坐在高御座上，或是走出大极殿阁门，接见站在前庭或朝堂之庭的文武百官，举行各项仪式。每当朝中举行大礼，大极殿的前庭都会竖立七根排成直线的仪式用旗竿（称

1　只有屋顶和立柱，无墙面。

作"幢")。

724 年（神龟元年），圣武天皇的即位大典即是在大极殿举行。充满异国风味的华美建筑、色彩丰富的幢旗凸显典礼的盛大辉煌。当时元明天皇、藤原不比等皆已不在人世，时隔十七年，退位的元正天皇与皇族、贵族、臣下一同庆贺青年天皇即位，举国欢腾。

后来，大极殿迁移至内里的南边，规模稍有缩小，但建筑形式与第一次大极殿完全相同。后来建造的第二次大极殿四周由连接正面阁门与背后后殿的回廊所环绕。

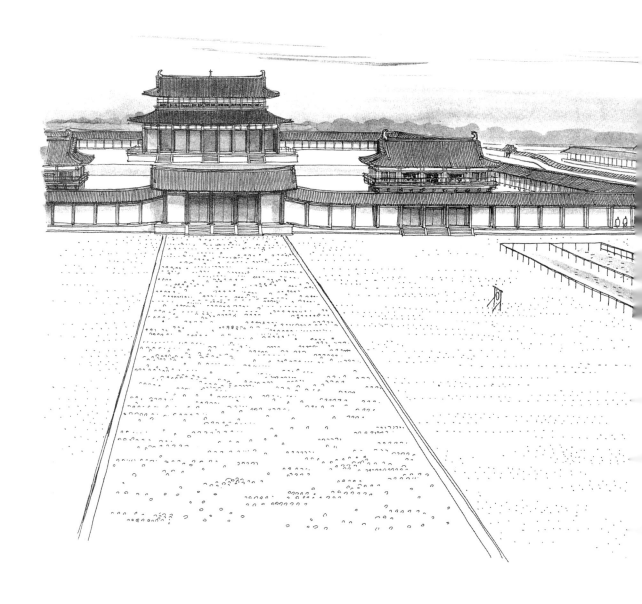

朝堂院——举行仪式或宴会的场所

朝堂院为举行公家仪式和官员处理政务的场所，由大极殿、朝堂、朝集殿构成。

朝堂是指文武百官就任及处理政务的十二栋建筑物，以及由这些建筑物包围的宽广朝庭（朝堂之庭）。位于其南侧的朝集殿，为官员前往朝庭上朝之前的静候之所。这栋朝集殿后来捐赠给唐招提寺作为讲堂，是目前仅存的一栋平城宫代表性建筑物。

仪式开始，全体官员同时集合在朝庭中，排好队伍，等候觐见天皇。天皇端坐于朝堂北边大极殿的高御座上，或是走出阁门，接见诸臣。

众人在广大的朝庭上举行各种仪式时，有时会为仪式临时搭建建筑物和幢旗。挖掘调查发现，根据这些临时建筑物的配置排列状况，可以将它们划归六个时期。换句话说，它们分别用在六次不同的仪式中。

六次中有三次是大尝祭的仪式。这些临时建筑物的配置方式，与根据平安宫的大尝祭记录复

原的大尝宫几乎一模一样。所谓的大尝祭，为天皇即位后第一次举行的收获祭典，是一项相当重要的仪式（参见 84 页）。其余三次仪式中使用的临时建筑物，尚无法判定为何种仪式所用，不过可以确定是用在国家典礼上。

朝堂院除了举行仪式之外，也是迎接外国使节的宴会场所。大极殿的前庭出土了若干个为这类宴会而设立的舞乐舞台的遗迹。

从文献记录可知，宴会的余兴节目除了舞乐之外，还有称作"骑射"的骑马射箭比赛，以及称作"走马"的赛马活动。在第一次朝堂院地区，我们发现了与朝堂建筑物相连的地基桩子所排列成的赛马道遗迹。此外，从朝堂南面增建的临时建筑物的遗迹，亦可一窥当时的贵族百官对"天皇赏赛马"的热衷。

内里——日本风建筑物与舶来生活用品

内里是天皇生活起居的场所，也是天皇处理每日政务的办公厅。此外，天皇在大极殿接受元旦的朝贺之后，会移驾内里正殿，对有身份的家臣（官居五品以上的侍臣）给予褒赏，并在此举行宴会，因此内里也是举行仪式的地方。

内里占地六百尺（约180米）见方，四周为筑地回廊围绕。所谓的筑地回廊，是以筑地塀为中心，其左右两侧形成通道（复廊）的特殊围墙形态，目前仅在平城宫和长冈宫发现此种围墙。此外，内里内部偏南一带规划了以内里正殿为中心的公共区域，与北边的天皇私人生活区隔开，为此又多筑了一道回廊。

虽然无法确知圣武天皇是在哪一栋建筑中用膳、在哪里休息，但可以确定的是，内里正殿的后方设有天皇日常起居的专属区域。如果对照平安宫的内里，则平城宫的内里正殿相当于平安宫的紫宸殿，天皇的起居专区为清凉殿。清凉殿内以天皇白天时的御座为中心，内设有寝室、食事室（餐厅）、汤殿（浴室）、皇后和女御（后妃）的房间等。平城宫的汤殿设于别栋，与平安宫的内里有若干不同之处。

内里的建筑物都是日式风格，然而在圣武天皇的起居空间里除了传统的生活用品之外，还混杂了很多舶来品。东大寺的正仓院中收藏有圣武天皇爱用的家具、餐具、乐器等，其中包含从波斯及中国唐朝进口的舶来品，可见当时上流贵族生活的奢华。

筑地回廊围绕的内里内郭的外侧，还有为筑地塀围绕的内里外郭。这一区域为宫内省以及料理天皇御膳的内膳司等掌管内里生活庶务的官署所在地。

官署——重现官厅街的原貌

宫城内还有许多的官署。官署以筑地塀来分隔不同的部署，建筑物是根据各自不同的使用目的来配置的。因此，有些官署的建筑物栉比鳞次，有些官署的建筑物配置相对显得疏松。

截至目前，已发掘出土的官署有：太政官、马寮、大膳职、造酒司与阴阳寮。

"太政官"是政治的最高机关，掌管全日本的官署，地位相当重要。因此太政官设置在紧邻内里的东侧。

"马寮"是专门饲育、训练马匹的地方，位于宫城的西边，建筑物的配置呈长条形。内部为长50—60米的狭长形建筑物及广场，这种设计是为了将其作为马厩和训练所（调教所）使用。此区还设有铁工房，推断应是当时制作及修缮马具的场所。

"大膳职"是掌管宫城的食粮、食膳的官署，位于第一次大极殿的北侧。一旦举办大型宴会

等，为了准备好几百人的餐饮，那里的人们一定是上上下下忙得不可开交。

"造酒司"位于内里的东方，那里有两口很大的水井，井边出土了大量的瓮，因此推断此区为当时酿酒的场所。

"阴阳寮"是制定历法、占卜吉凶的官署，位于第二次朝堂院的东侧。

除此之外，最近的挖掘调查还确定了从朱雀门东边的壬生门进入宫城后位于左侧的"兵部省"（掌管士兵、军事的官署），以及位于右侧的"式部省"（掌管国家仪式的官署）的位置。

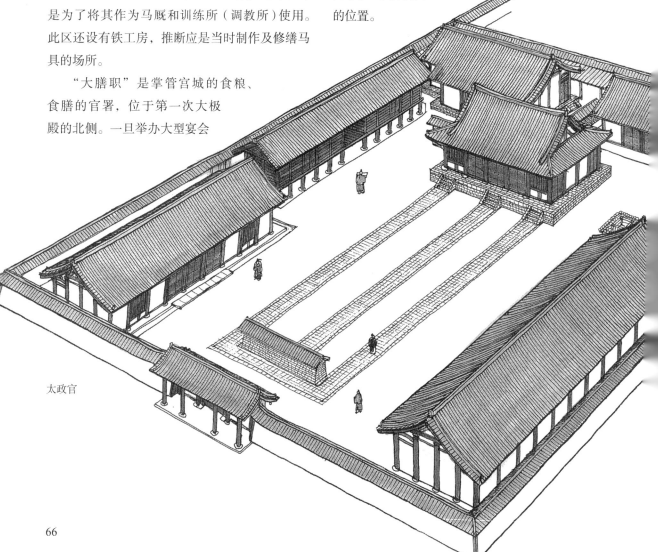

太政官

一度迁都

改建工程告一段落之后，圣武天皇开始在新的宫殿处理政事。740年（天平十二年），圣武天皇与光明皇后（藤原不比等之女）等一行突然离开平城宫，最直接的原因是藤原广嗣之乱，不过内乱平定之后，天皇并没有返回平城宫之意。

圣武天皇先后将宫都迁至恭仁宫（京都府）、紫香乐宫（滋贺县）、难波宫（大阪府）。迁都至恭仁宫时，平城宫的大极殿、回廊都被移建至新都城，似乎表明天皇不再返回平城京的心意。当时移建的大极殿建筑，后来被赠予山背国分寺作为寺院金堂，该建筑物的基坛遗迹至今存留。

迁至紫香乐宫时，圣武天皇曾着手兴建大佛像，可惜工程未能顺利进行。

至于难波京，它原本就是平城京的副都，向来都很繁华。它位处交通、外交、经济、军事的重要地点，自古以来便扮演"日本对外的大门"的重要角色。

然而，离开平城京仅仅五年后的745年（天平十七年），圣武天皇又将都城从难波京迁回了平城京。

依照前例推测，圣武天皇应该会在平城宫再度展开大规模的建筑工事，然而详细情形为何至今仍不可知。据说圣武天皇将兴建大佛像的地点改到东大寺，全心投入在该项事业上。

749年（天平胜宝元年），圣武天皇传位给其女孝谦天皇。这是平城宫第三度由女性天皇入主。

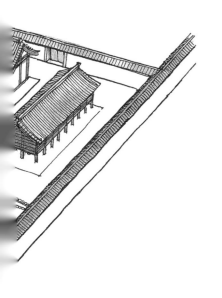

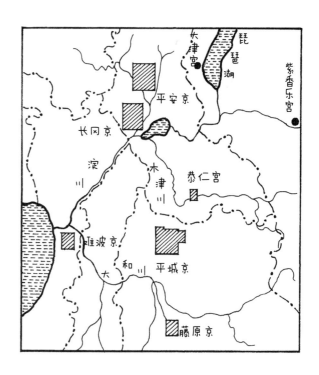

都城的各个角落都有住宅

奈良时代中期，寺院的建造相当兴盛，整个都城因此充满了活力。广大的京内到处都兴建了住宅。

其中五条以北尤其是宫城的周边，成为高级贵族豪华宅邸的集中区域，也就是所谓的高级住宅区。与此相对，身份较低的下级官员及一般庶民的小住宅分布在远离宫城的六条以南。

上述住宅无论是皇族的或是一般庶民的，皆以无彩色的白木造掘立柱建筑最为常见。屋顶的材料为桧皮、木板和干草，属于传统的日式风格建筑。至于瓦葺屋顶以及丹柱（以丹砂等颜料将柱子涂成朱红色）的唐风建筑，仅见于寺院等少

部分设施或高级宅邸。因此，平城京内的整体街道景观相当朴素。

为了改变单调的市容，724年（神龟元年），平城宫的太政官颁布了一项政令："官居五品以上以及庶民有能力建筑者，均可造瓦屋，并涂成赤白。"换句话说，要将屋顶葺上瓦片，并将柱子涂成朱红色。不过京内的住宅区遗迹出土的瓦片数量并不多，可见这项政令并未获得普遍实践。

平城宫东院的华丽庭园

　　皇族及高级贵族居住的宽广宅邸里，有为接待宾客而设置的宴游设施。这些园池及客馆的设计以中国唐朝风格为主。兹以平城宫东院东南方的庭园为例，借以一窥堂奥。

　　此区辟建一座可供漫步、观赏园内景色的庭园（回游式庭园），以大型的池塘为中心，数栋建筑物分布其间。池上架设有两座桥，池畔是以拳头大小的石子铺设的沙洲，而岬状突出的部分缀饰了各色各样的石头。沿南边的筑地大垣挖有沟渠，大垣的东南隅建有一座八角形的楼阁。

　　庭园中央的建筑物格局为桁行五间、梁间二间。东端的（桁行）二间向前突出于池中，而其中的东妻侧（与栋木呈直角的那一面）延伸出宽广的露台，凌空于池上，有桥梁连接至池畔。身舍（正堂）为础石式建筑，缘束（支撑缘台［檐廊］的束柱）与露台束柱为掘立柱。不过，此处的缘束为八角柱，突出于地面的部分还佐以根卷石（柱根周围的辅助石），使其状似础石式建筑。

　　此庭园想必每个季节皆是宾客盈盈，文人雅士吟诗赋歌、传杯敬酒于其间，尽享风雅宴乐。如果是设有曲水之池（曲折环绕的池水）的庭园，则每年的三月三日一定有"曲水流觞之宴"。人们将酒杯放在弯曲水渠的上游，任其漂流而下，参与游戏者环坐水渠旁，酒杯停在哪个人附近，哪个人便吟诗一首，之后取杯饮酒。这是当时贵族间盛行的一种宴会活动。

探访贵族的宅邸建筑

　　根据对平城宫东院建筑物的挖掘调查，其平面分布的原貌越来越清晰。光凭挖掘无法判断情况的建筑构造，可以现存的法隆寺东院的传法堂为最佳参考模型。

　　虽然现今的传法堂是座佛堂，但最初为一栋住宅，而且是相当高级的住宅建筑。传说在738年（天平十年）左右，圣武天皇的夫人——橘夫人（古那可智），将其宅邸捐赠给由行信僧创建的法隆寺东院作为讲堂。虽然当时人们已将原来

的住宅翻修为佛堂样式，我们仍可以现存传法堂的建筑部材为线索，还原其住宅时代的构造：平面格局为桁行五间、梁间四间的二面庇建筑，分为桁行三间及桁行二间的两个房间。桁行三间的房间是只有门和墙壁的封闭空间；桁行二间的房间为开放式空间，妻侧（建筑的侧立面）以及与妻侧垂直的其中一面皆无墙壁及门扉，连接妻侧的是铺有板条式外廊地板的宽广露台。

　　柱子竖立于础石之上，沿着檐廊铺有横木板

左京三条二坊六坪的"宫迹庭园"

条（称为"切目长押"），使地板的水平位置低于横木板条。柱子上以大斗肘木[1]承接屋顶桁木，侧柱（庇柱）与入侧柱（身舍柱）以"系虹梁"[2]居中连接。入侧柱与入侧柱之间横架"大虹梁"，其上叠以"股"[3]与"二重虹梁"，形成所谓的"二重虹梁股形式"构造。屋顶为切妻造，铺设桧木皮。

橘夫人宅邸采用的础石式、二重虹梁股形式的建筑构造，属于唐朝风格的住宅建筑样式。虽然无法得知当时平城宫东院的建筑是否如同橘夫人宅邸一样分为两室，不过从其设有露台的平面形式来看，推测其构造形式应该与橘夫人宅邸相

1　大斗肘木：置于最底部的最大型木斗，上承拱木。
2　系虹梁：梁的两端向下弯，梁面弧起，故称虹梁。
3　股：置于上下梁枋之间，具有承重及垫托作用的木墩，将荷重平均分配于梁。

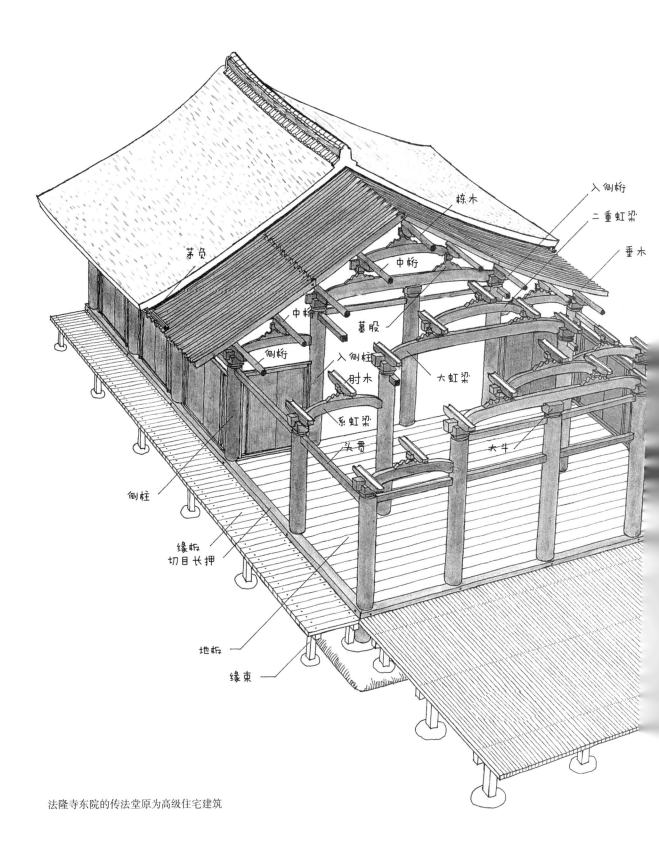

入侧桁

二重虹梁

垂木

栋木

中桁

茅负

中桁

墓股

侧桁

入侧柱

大虹梁

肘木

系虹梁

大斗

头贯

侧柱

缘栈
切目长押

地栈

缘束

法隆寺东院的传法堂原为高级住宅建筑

去不远。两者的建造时代几乎相同，皆具备皇室相关宫殿建筑应有的样式和格局。

与橘夫人宅邸相似的唐式建筑除了平城宫东院以外，目前仅右大臣藤原仲麻吕宅邸以及宫迹庭园遗迹二处。

曾为孝谦天皇宠臣的藤原仲麻吕，其宅邸当时又称为"田村第"，位于左京四条二坊，占有八町大的广大范围。该区的第十五坪内发现的两栋建筑物，推断是面向南方的正殿以及位于其西侧的南北栋建筑（南北向的建筑）的殿（侧殿）。两建筑物的规模皆为桁行四间以上，正殿的部分为二面庇、础石式、铺瓦屋顶的建筑。由于已挖掘出土的面积较实际面积小，所以未能得知该建筑物是否面向园池。

另一处唐式建筑为宫迹庭园，位于左京三条二坊六坪，推测是皇族的宅邸。面向坪中央的曲水之池的西侧，有一栋桁行八间、梁间四间、二面庇的础石式建筑物。

宫迹庭园应该和平城宫东院的庭园一样，为接待宾客的场所。这些建筑物的木造部分皆涂以青丹，呈现出不亚于中国大陆风格建筑的华丽色彩。不过，这类华丽的建筑物仅限少数阶层拥有。

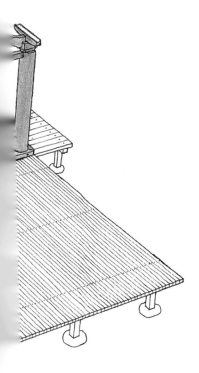

住宅建筑的构造

现今并无真正保持奈良时代掘立柱建筑物原貌的遗迹存留下来，因为掘立柱的柱根容易腐朽。不过，研究调查发现若干切除腐朽的柱根填入础石而延长了建筑物寿命的例子（r图）。挖掘调查发现，此种例子多见于平城宫，以及其东邻法华寺（原为藤原不比等的宅邸）创建时期的遗构。现存的建筑物中，以法隆寺东院的回廊与当麻寺本堂的前身建筑物为代表。兹以上述各例为参考，探讨当时的掘立柱式住宅建筑的构造。

法隆寺东院的回廊，在平安时代由原来的掘立柱式改建为础石式。至镰仓时代，柱子的位置

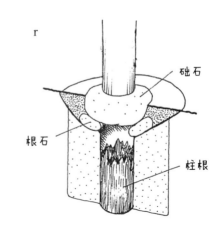

r

础石

根石

柱根

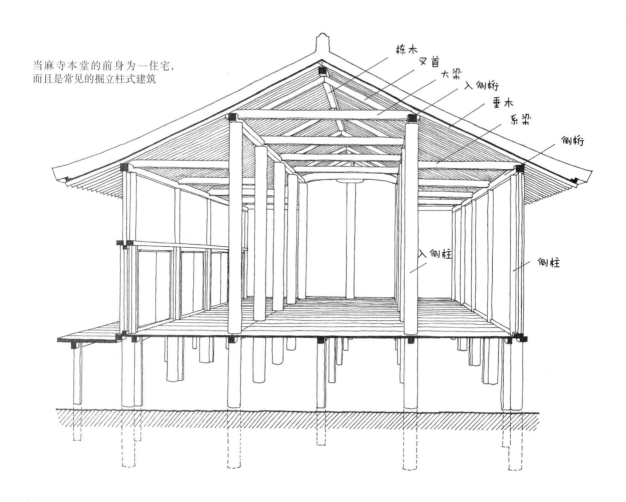

当麻寺本堂的前身为一住宅，而且是常见的掘立柱式建筑

栋木
叉首
大梁
入侧桁
垂木
系梁
侧桁

入侧柱

侧柱

以东堀川河底出土的桁材还原的建筑物

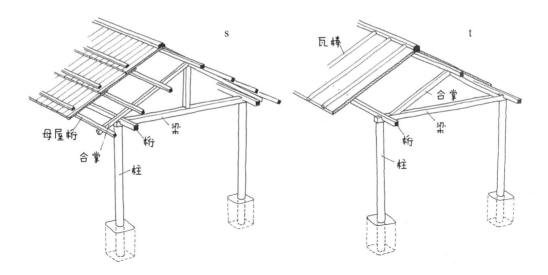

虽有变动，但建筑部材维持原样。至于构造形式，柱子上的斗拱以大斗肘木承接屋顶桁木，大斗与大斗之间横跨虹梁，虹梁上搭组"合掌"[1]，用以支撑栋木[2]。屋顶铺瓦，将柱子漆涂成唐式建筑风格的朱红色，此种形式为当时少数高级住宅建筑所采用。该住宅的建筑格式可说是承继自橘夫人宅邸的式样。

至于当麻寺一例，则为奈良时代最常见的掘立柱式建筑物。当麻寺的本堂是奈良时代末期用两栋住宅的部材建成的。至平安时代末期，人们在本堂的前面加上庑，改建成现在的模样。

作为当麻寺前身的住宅建筑构造相当简单。掘立柱上直接架桁木、横上大梁，其上再架设叉首及栋木。木材与木材的接合完全不使用钉子，而是以绳索穿越"栈穴"[3]再系合。

奈良时代铁的产量仍少，无法提供充足的铁钉作为住宅建筑之用。铁钉在当时仍是高价的材料，因此一般住宅为了少使用铁钉，多半采用栈穴和木栓的方式来接合木材。

另有一处耐人寻味的建筑遗材也出土了，呈现出比当麻寺本堂前身更为简单的掘立柱式建筑构造。那就是从平城京东堀川的河底挖掘出来的桁材。

该处出土的桁木并非直接置于掘立柱顶端，而是先在掘立柱顶端架上梁木，再横上桁木。从桁木朝上一面残留的两种痕迹，可以还原出两种建筑构造。

一种是先在桁木上搭组合掌，用以支撑"母屋桁"，再叠铺上薄木板（s 图）。另一种是在桁木上直接铺排厚木板，在木板与木板的接缝处嵌入"瓦棒"（t 图）。无论是合掌与桁木，还是厚木板与桁木，全都是以钉子固定住的。

不管是从上述的出土桁材想象还原的建筑物，还是当麻寺本堂的前身住宅，想必是当时京内常见的住宅建筑形态吧。此外，草葺（铺茅草）屋顶的建筑物是最常见的一般庶民住宅，与木板屋顶的建筑一同沿用到近世。可以说，近世庶民住宅的建筑技术骨架，早在奈良时代就已成形了。

1　合掌：屋顶三角形桁架中的左右斜边大木条。

2　栋木：屋顶最高处的脊梁。

3　栈穴：木材上的孔洞，用以连接不同的构件，或称"贯穴"。

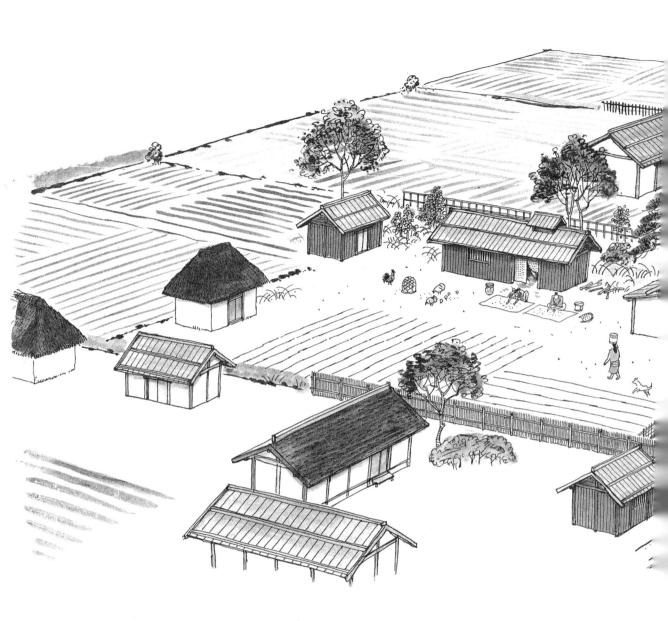

致力于副业的庶民的生活与住宅

平城京居民的工作多多少少都和国家事务有关。在平城宫内工作的人口，从五位以上的高级官吏到杂工，约有两万人。官员每天在日出时出勤，一直工作到正午。对于住在宫城附近的贵族而言，这样的出勤时间不算强人所难，但是身份地位较低的官员必须天没亮就出门，大老远地赶到宫城来上班。

当时住在右京的高屋连家麻吕，就属于下级

官员，关于他勤务考评的木简（以墨书写于木片上的文书）在平城宫内出土。此人年五十岁，官居最下品的"少初位下"，六年内一共出勤1 099日，在上中下三等第中被评定为"中"，换句话说，其考评成绩为中等。从高屋连家麻吕的出勤日数来看，他平均每两天出勤一天，他的工作应属于非全职的性质，薪资不高。因此，他在出勤日以外的日子还要从事农作，若是善于写字的人

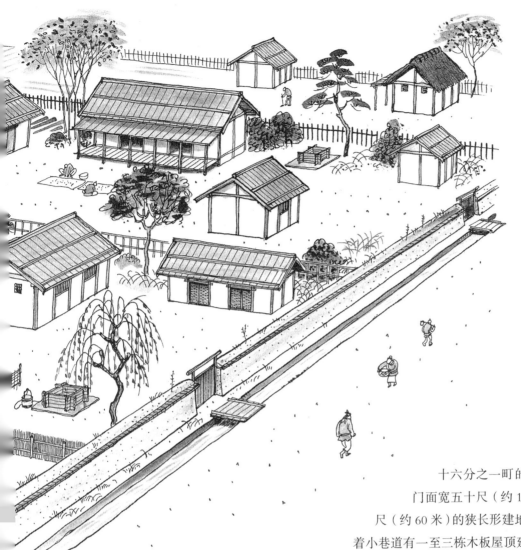

则到佛寺兼差，当抄写经文的"写经生"。

不过，即使官居最下品的官吏的生活也要比没有官阶的众多杂役好得多。都城中人口最多的就是这类庶民阶层，他们都享有国家提供的十六分之一町（约900平方米）或三十二分之一町宽的住宅建地。从现代的角度来看，这些建地的大小可以归入豪宅之列了，在当时却并非如此。当时庶民的典型住宅建筑，为桁行三至四间，一面庑式或无庑式，主屋的面积为30—40平方米，另有一至两栋"纳屋"[1]为附属建筑物。

十六分之一町的住宅地，一般为门面宽五十尺（约15米）、纵深二百尺（约60米）的狭长形建地（见38页）。沿着小巷道有一至三栋木板屋顶建筑分布，建地的后方作为自家菜园。各户有自己专用的水井，另外还有公共水井。

至于环绕住宅建地的围墙，二分之一町以上的住宅建地采用筑地塀，四分之一町以上的住宅建地采用掘立柱式的土墙或板壁造式的围墙。八分之一町以下的住宅建地多半没有围墙，推测当时仅围上篱笆或土垒，呈现开放式的空间。尤其是大门一侧的巷道，甚至有紧贴着侧沟的建筑物。别说与邻居之间的界线，就连住宅建地的正面也多半不设围墙。由此看来，当时庶民的住宅相较于今日的住宅建地，也是宽阔得令人咋舌。

---

1 纳屋：收放农具等的库房。

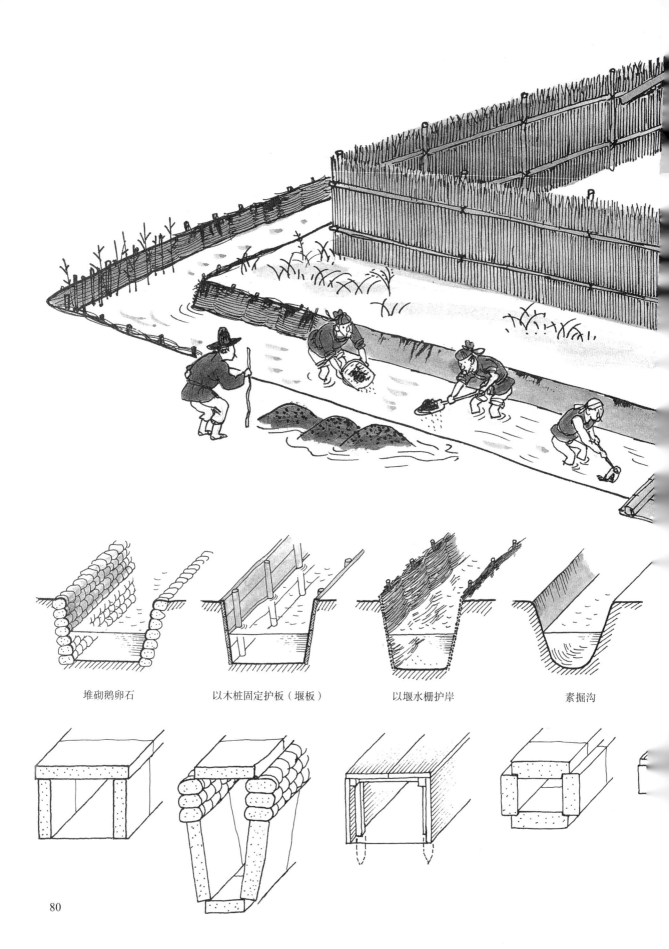

堆砌鹅卵石　　　以木桩固定护板（堰板）　　　以堰水栅护岸　　　素掘沟

疏浚沟渠

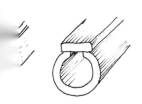

宫城内的地下水道（暗渠）

周密严格的下水道管理

平城京的道路，无论大路还是小路，两侧都有侧沟。这些侧沟发挥着京内下水道的重要作用。

因此道路两侧的侧沟之中会有一边的沟面较宽，沟底较深，以便上游流下来的水能够顺畅地往下流，同时接收住宅地排出来的废水及污水，一同流向佐保川及堀川。

不过，亦有某贵族宅邸（位于左京三条二坊六坪）的水池引入了二坊坊间路的侧沟之水，可见有一部分的侧沟是禁止排入污水的。

此外，京内的侧沟是"素掘沟"，意为仅挖土成沟，未做进一步加工。不过在架有桥梁的地方，或是沟的汇流点、较易坍塌之处，会以堆砌鹅卵石、以木桩固定护板、堰水栅（并排打入木桩之后，再以竹子或树枝缠绕固定）等方式做成护岸。

相对于京内的侧沟，平城宫内的沟渠建造得相当精致。基本的排水道有两条，皆为南北向贯流于宫城内，将水排放至二条大路的北侧沟。其中一条位于第一次朝堂院地区的西侧，另一条位于内里的东侧。东侧的这条排水道（宽 3 米、深 1.5 米）以河滩石堆砌成护岸。与此排水道合流的沟渠（内里的东外郭官衙）中，还包括以凝灰岩石板砌成的暗渠（地下水道）。与京内相比，宫内的沟渠真是十分讲究。

上述排水沟如果不注重保养，沟底很容易淤积泥沙或垃圾，很快就会被填塞。为了保持水流的通畅，一年至少要疏浚一次。光是京内的大路侧沟，总长就有 200 公里，所以排水沟的疏浚作业须耗费相当多的人力。

平城京的道路区划能如此完整地保存于现今的水田中，也是拜当时的排水沟疏浚作业之赐，这是奈良时代七十余年间河川等水道管理严格的证据。

家家户户有水井

日本上水道（自来水）系统的发达要到江户时代以后。在此之前，人们汲取涌泉、河川或井水，储存在水缸里供日常使用。

平城京内的用水全部来自水井。即便是十六分之一町或三十二分之一町的狭小住宅建地，也掘有水井。有些占地一町以上的广大贵族宅邸，甚至有两至三口水井。

宫城内的每一处官署都有水井。内里也有一口井，但大部分用水是从内里北边官署的大水井引入沟中，再储存至石砌水槽里取用。此外，在推测原为造酒司的官署内，水井的井框（井户）侧面打了洞，接上了木制导水管，将井水导引至石砌的沟中。上述两者皆是将水从水井导引至目的地的水道设备，然而其适用的距离太短，使用寿命亦不长，所以后来没有继续发展。

所谓的水井，是在地面挖一个洞并往下深掘，以便汲取地下水的设施。为了保护洞的侧壁，

防止其坍塌，人们以石头或木板做成井框。平城京内发掘出为数众多的水井遗迹，井框的形态相当丰富。宫城内最常见的是边长 1.2—2 米的方形井框，它们以厚木板重叠组合成"井"字形。另外，还有沿着井口以长条木板纵向排列成圆形的井框，以及将直径约 2 米的杉木中心挖空，做成的特殊井框（内里的水井）。

平城京最常见的井框类型是先在井的四角竖立柱子，柱与柱之间用横向木条连接，再铺上纵向的长条木板。另外还有在柱子侧面挖沟槽，再由上往下嵌入横板的形态，以及将厚木板重叠组合成八角形的特殊井框。

此外，有些井底中央会放一个小的"曲物"（弯曲薄板制成的桶状容器）以便于汲水，也有堆栈大型曲物（直径约 60 厘米）的井框。从平城京的水井遗迹呈现的类型可看出当时的居民非常重视用水问题。

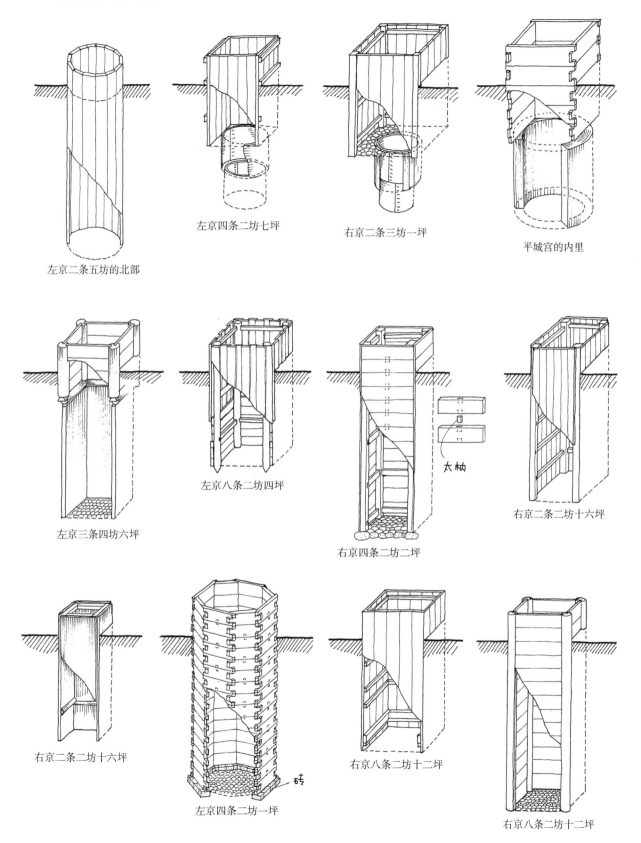

平城京内的各种水井形态

左京二条五坊的北部

左京四条二坊七坪

右京二条三坊一坪

平城宫的内里

左京三条四坊六坪

左京八条二坊四坪

右京四条二坊二坪

木柚

右京二条二坊十六坪

右京二条二坊十六坪

左京四条二坊一坪

砖

右京八条二坊十二坪

右京八条二坊十二坪

规模庞大的宫城台所

负责平城宫所有粮食、膳食事务的官署，称为"大膳职"。而负责内里的御膳烹调、尝毒的，称为"内膳司"。

由于朝堂及内里经常举行宴会，为了供应宴会的膳食，平城宫雇用了众多称为"膳部"的料理工。依照规定，大膳职需一百六十人，内膳司需四十名职员。

大膳职位于第一次大极殿的北方，内膳司则紧邻内里的北方，各自拥有广大的面积。推测为大膳职所在的一区，有庞大的建筑物整齐分布其间。此处应该是依据"调"（交纳地方特产作为赋税）的规定，保存与管理全日本上缴的粮食及杂物的单位。以大膳职内的两栋建筑物为例，两栋的屋内皆以约1.5米为间隔，放满30个左右的大瓮。

此外，每个区域各设有堪称宫内最大的水井。分布其间的各栋建筑物实际作为何用尚未可知。

目前确定其用途较有力的线索，为大寺院的"资财帐"（财产目录）。寺院里负责僧侣膳食的单位称为"食堂院"或"大众院"。根据资财帐的记载，该单位由下述建筑物构成。

首先是设置有大灶、用于炊煮的大炊殿、灶屋。负责调理、盛盘的配膳室为厨殿、盛殿。厨殿里也设有灶，可以用于烹调。除此之外，还有用于汲水的井屋，以及收纳食材和食器的酱殿、醋殿、器殿等。谷仓分为米殿、稻屋。另外还有用于稻子、稻谷脱谷、碾米作业的臼屋等建筑物。

估计平城宫内也有与大寺院相同的建筑物配置，而且规模不亚于此。

在第二次朝堂院的朝庭中临时设置的"大尝宫"，是天皇即位时举办祭告众神宴席的场所，

因此也设有台所（厨房）。大尝祭所用的米是从特定地方运送来的新米，是天皇即位当年收割的。大尝宫的"臼屋"负责捣米，脱谷后的米再交由"膳屋"进行炊煮、调理、配膳等。由于该膳屋炊煮的米饭量较少，可使用可移动的典礼专

用土制灶（韩灶）来炊煮。

　　大膳职和内膳司一次要负责数十人到一百人以上的膳食，所以炊煮米饭应该是用大型的灶。大型灶是在地面堆土建成的，不容易留下痕迹，也不容易为挖掘调查所发现，所以至今仍然无法知道灶屋的确切位置。

　　另一方面，京内的庶民住宅里虽然发现有底部被煤烟熏黑的炊煮用土器，却也没找到灶迹，想必当时的一般庶民顶多在屋内或庭院中搭建简单的灶而已。厨房有可能设在主屋的某一处，也有可能是独立的，与捣米的臼、炊煮用的灶合设在别栋。

还原浴室和厕所

当时的人洗澡是先在别处用大锅将洗澡水烧好，再运到浴室的澡盆中使用。

平城京的大寺院是以一栋独立的建筑物作为洗澡的场所，称为"温室"或"汤屋"。因为是众多僧侣共用的浴场，所以建筑物的规模很大，根据文献记载约有 90 平方米。奈良时代究竟使用何种样式的澡盆至今尚未可知，不过文献中有奈良时代使用铁制热水锅的记录，东大寺及兴福寺保留着镰仓时代的大型铁制热水锅。

平城宫内有疑似汤屋的遗构。内里正殿的后方约有九栋建筑物为天皇的起居场所。最小的一栋约 36 平方米，屋内有从内里北方的内膳司的大水井引流过来的水，水路经过该建筑物北边时

水面加宽，那里设置了水槽以方便汲水。该水路进入屋内提供用水之后，即成排水沟流出屋外。靠近屋内西墙的地面上有一个边长 4 米左右的正方形浅坑，推测应为放置木制澡盆留下的痕迹。

除此之外，在第一次大极殿之后兴建的西宫也有浴室。此例是在广大的建筑物内

搭建

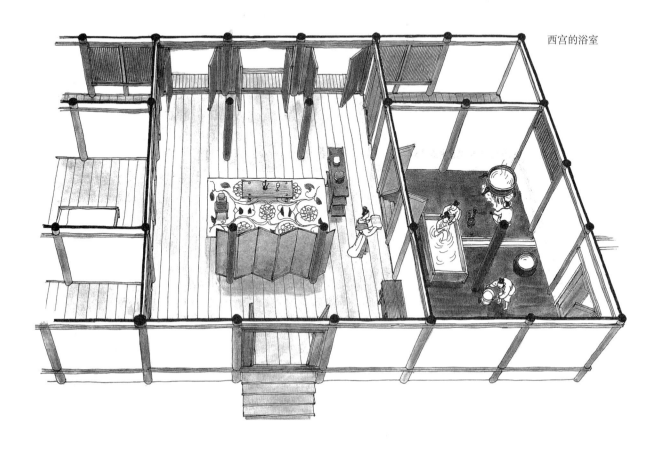

西宫的浴室

的厕所（川屋）

部隔出一间作为浴室，设有给水路与排水沟。挖掘调查发现该地点有一个疑为放置澡盆的长方形凹槽（约3米×2米）。

另外，建于第二次朝堂院中庭的大尝宫有一栋名为回立殿的建筑物，是举行温水浴净身除秽的被禊仪式的场所。因为没有留下水沟或放置澡盆的痕迹，所以无法得知当时使用何种形式的澡盆。

当时的厕所称为"厕"。在西大寺的文献中记录了一栋长64.5尺（近20米）、宽12尺（约3.6米）的铺瓦屋顶厕所。该建筑外形狭长，推测应是一栋公厕。如果每一厕间的宽度以一米来计算，大约是供二十人同时使用的公厕，不过无法得知是否有隔间。

大尝宫的东南角落，也设有"一间四方"的狭小厕所。那里是天皇一人专用的临时建筑，这样的格局大小刚好。厕所地面未发现用作便槽的凹洞，推测当时可能是在地面铺沙，或用木箱、土器等容器作为便槽。内里之内未发现有疑为厕所的小型独立建筑。推测当时应该是在广大的建筑内隔出一个空间作为厕所。

不同于寺院和宫城，一般庶民的住宅里几乎看不到汤屋和厕所，至今尚未发现设有汤屋的庶民住宅。

推敲日文"厕"字的音义（kawaya，同"川屋"），有"搭建于河川或沟渠上的小屋"（川屋）之意。京内的确发现若干搭建于道路侧沟上的小屋，或许正是作为公共厕所供庶民及行人使用的"川屋"。

除了川屋之外，一般庶民的如厕方式或许就如中世画卷所描绘的那样，在空地上随处便溺，或挖个小洞就地"方便"。

市集的热闹有趣古今皆然

平城京内最热闹的地方要算是市集了，也就是今日的市场。平城京的西市位于右京八条二坊，东市位于左京八条三坊，各占有四町大的面积。为了方便运送货物，西市的市集东侧以及东市的市集内皆有人工运河流贯南北。

负责管理市集的是"西市司"和"东市司"这两个官署。市司的工作人员负责制定货品的价格，检查是否有假货，商品数量和尺寸是否偷工减料等。此外，还要帮其他官厅在市集采购必需品。

平城京内的市集采取东西市轮流开市的方式，前半月在东市，后半月在西市。市集流通的货品包括绝（粗绢）、绢、麻、线等衣料，米、麦、盐、海产等食品，针、土器、梳子等日用品，还有卖酒的商家。货品的买卖使用货币，也以布匹代替货币来进行交易。

商店的外观应该如同中世的画卷所绘，人们在结构简单的掘立小屋的泥地隔间里铺上木板或草席，将商品陈列其上。关于平城京市集的挖掘调查目前仅进行了一部分，尚未发现任何能显示当时商店建筑样式的遗构。市集范围内除了许多商店之外，还有市司的建筑物及仓库等管理设施。

此外那里还设有一个广场，作为公开处决犯人的场所。有时广场上还有"大道艺"（街头艺人）表演等活动娱乐民众。除了都城的住民，从各地运送"调物"（依据赋税规定征收的粮食及杂物）至京城的人们也都不会错过来市集开开眼界的机会。市集不仅是买卖货品的地方，也是一个休憩的场所。

市集的周边设有地方诸国的办事处，负责从市集调度、购买所需的物资运至各国。此外还设置有制作产品的工房。东市的东北方发现有占地一町、名为姬寺的寺院遗迹，推测应为市集的守护寺院。

陆续兴建完成的寺院

最先令从各地来到都城的人们感到惊讶的是京内林立的寺院堂塔。平城京时代以佛教为国教，所以寺院相当兴盛。

古代的寺院有许多不同的形态。除了国家创建的大寺之外，还有7世纪后半叶在全日本兴起的由氏族长者兴建的氏寺，以及由贵族或一般大众供养兴建的寺院等。

这些寺院的作用在于镇护律令国家、祈求氏族安泰。同时寺院也是僧人钻研学术的圣地，以及庶民信仰的对象。平城京的大寺还会举办救济贫民等的各项活动。

迁都平城京之际，优先从旧京移建过来的建筑物正是官立的大寺。藤原京的大寺有大官大寺、川原寺、药师寺、飞鸟寺这四间寺院，除了川原寺以外，其余三寺皆移建至平城京，取代川原寺移建至新京的为兴福寺。

兴福寺虽为藤原一族的氏寺，却在外京规划了寺地，很早就展开兴建工程。从藤原京移建过来的四所寺院之中，最早盖好金堂并展开寺院活动的就是兴福寺，时间为710年（和铜三年）。其余三大寺的金堂完成时间约为灵龟、养老年间（715—723）。寺院除了金堂之外，还有塔、南大门、中门、回廊、讲堂、经藏、钟楼、僧房，也就是所谓的"七堂伽蓝"。其兴建工程完工至少还需要20—30年。因此各大寺真正的完工时间推测应该在天平年间（729）之后。

移建至平城京的大官大寺更名为大安寺，飞鸟寺更名为元兴寺，药师寺则维持原来的名称。

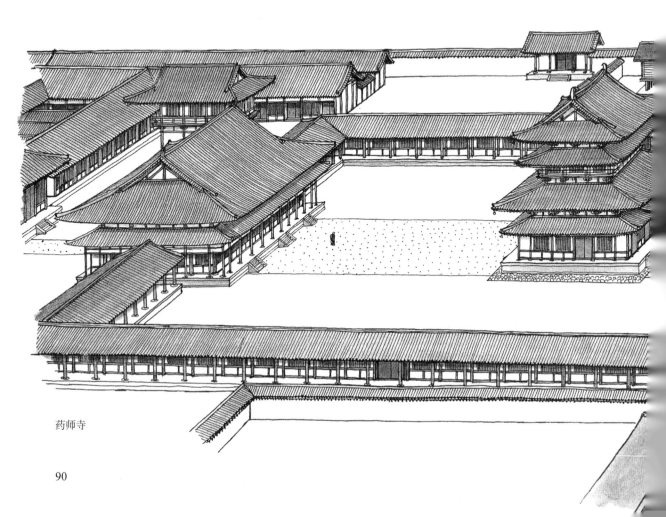

药师寺

藤原京的大官大寺于711年（和铜四年）遭祝融所毁，原来的飞鸟寺、药师寺（后改称本药师寺）则保存了下来，法灯相续至今。

720年（养老四年）八月，右大臣藤原不比等往生前日，朝廷为祈求其病体康复，命令"都下四八寺"为藤原诵一天一夜的《药师经》。

事实上当时京内的寺院不足四十八所。平城京建设完成以前便存在该地的角寺（海龙王寺）、殖槻寺、观世音寺等，可算在平城京的寺院数目里。此外，还有从藤原京移建至平城京的诸多氏寺。然而，现存的寺院数量加上文献史料记载的，以及由遗留的瓦片散布情形判定其存在的寺院数量，目前已知的仅有二十六所。更何况这二十六所是连奈良时代后半叶建的东大寺、法华寺、西大寺、西隆寺、唐招提寺等都计算在内，所以，迁都六年后，如何能有"四八寺"，实在令人费解。

如果确实有四十八所寺院，或许当时所指的"都下"不限于平城京内，而是涵盖京内外的广大区域。

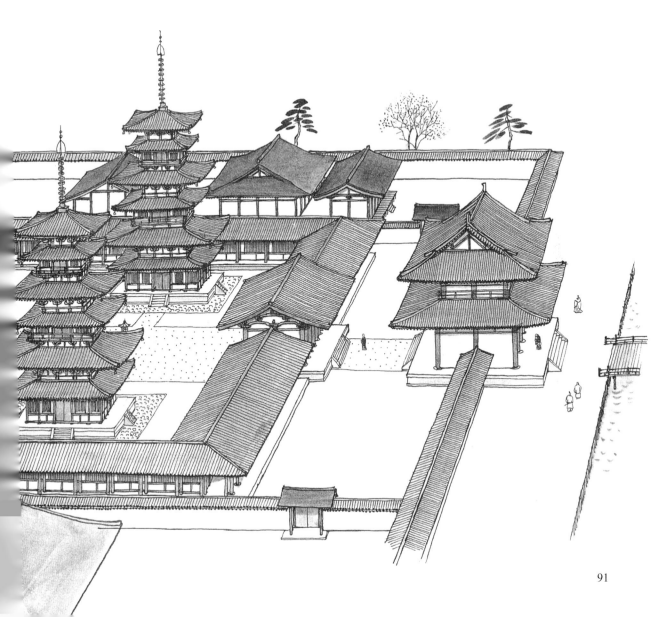

药师寺的移建

平城京药师寺本尊药师三尊像以及东塔，至今仍保有其创建时期的原貌。

不过关于这间药师寺的建筑历史，从二战前开始，日本史及美术史、建筑史学者间分出两派意见。一派主张药师寺的本尊和堂塔是从藤原京移建过来的"移建说"，另一派主张药师寺是在平城京重新建造的"非移建说"，两派的争论至今未有结论。此外，被誉为世界级青铜像的药师三尊和圣观音像，其年代也有争议。

藤原京的本药师寺与平城京的药师寺，皆于金堂（正殿）的前方竖立两座塔，堂塔的格局、尺寸完全相同。因此，主张平城京的药师寺是将本药师寺原样、原结构移建过来的说法，并非毫无道理。即便不是移建，也是完全依照本药师寺的形式重新建造的。

近年来，药师寺不断进行再现奈良时代伽蓝的工作，目前已将金堂、西塔及中门复原为当时的样貌。根据该工程前挖掘调查发现的新事实，应该能得到解开该寺建造之谜的线索。

首先是础石部分。古代建筑物移建时，一般从建筑物本体到基坛石[1]、础石及屋瓦都会再利用。因此，从础石的遗留方式可以推测移建的状况。

根据调查，本药师寺的金堂和东塔的础石至今还留在原地。而西塔遗迹内仅发现"心础"（塔心柱的础石），而且形式比较新，推测是后来重新立上去的。

另一方面，在平城京的药师寺中，金堂、东塔、西塔、僧房等主要伽蓝皆采用与本药师寺相同的飞鸟地区产的石材。东塔的心础虽为飞鸟所产，但石质与本药师寺的有些许差异。

再者，平城京药师寺的金堂础石及基坛化妆石[2]，形状不一，推测应是集结多间建筑物的材料再利用所致。

从上述的础石遗留情形来看，可以推测当时本药师寺的金堂及东塔应该是原封不动保留在藤原京的，其余的建筑物移建到平城京。

此外，最近对于平城京药师寺回廊的挖掘调查有了如下发现。调查发现，该处预定建造的是仅有一条道的单廊，为此放置了修筑土坛用的础石。然而工程进行到中途计划发生了变化，原先放置的础石被清除，土坛的高度和宽度都加大了，走廊改建成有两条道的复廊。飞鸟、藤原京时代的寺院皆为单廊形式，除了宫城之外不会采用复廊。因此可以推断平城京的药师寺最初曾想沿用本药师寺的单廊形式。

单就建筑物而言，关于药师寺的争论似乎可以归结为"本药师寺的一部分建筑物确实移建至平城京"。要是能展开对本药师寺的挖掘调查，或许能得到更进一步的证据。然而这类能解开历史谜团的钥匙，还有一大部分埋藏在地底下呢！

1　基坛石：建筑物的台基石。
2　化妆石：基坛的铺装石。

伴随繁荣而生的都市问题

孝谦天皇即位三年后的752年（天平胜宝四年），东大寺举行了大佛开眼供养仪式。这是在天平文化昌盛的时代最具代表性、最值得纪念的一件大事。天平胜宝八年，在平城京执政最久的圣武天皇辞世。翌年（天平宝字元年，757），孝谦天皇着手推动平城宫的改建工程。

天平宝字二年八月，淳仁天皇在大极殿举行即位仪式，平城宫的改建工程到此应告一段落。然而天平宝字四年，即位的新天皇再度展开主要殿舍的翻新工程。从内里、大极殿等主要殿舍，到官署所在的地区，全部改建成掘立柱式的建筑物。天平宝字五年及六年甚至以宫室建设未完成为由，一度废止朝贺的仪式。经过此番大改修，平城宫的样貌与圣武天皇时代相较，有了相当大的改变。

孝谦天皇让位给淳仁天皇之后，仍握有实权，被称为高野天皇，那个时代被讽为"两帝并立"的时代。尽管这其中亦有其他因素，不过宫城的大改修工程应该是出现这一说法主因，从改建完工的那一刻开始，两位天皇便形成对立。天平宝字八年十月，淳仁天皇被废，遭流放淡路国。高野天皇再度即位，也就是称德天皇。

至奈良时代后半，平城京的人口有了明显的增加，因此，八分之一町、十六分之一町、三十二分之一町大小的住宅建地或建筑物开始成为借贷金钱的抵押品或买卖的对象。挖掘调查发现，有许多地方的土地都经历过多次分割及合并，证明土地及建筑物商品化确实存在。

随着律令制度的充实，各官署的机构规模也跟着扩大，役人（公务员）的人数增加，位阶的晋级也更为频繁。此外，在人口自然增长等因素的影响之下，既有的都城居民土地配给制度（班给制度）受到了威胁。原本相当余裕的京内住宅建地转眼间变成借钱的抵押品或买卖的对象，可见住宅建地配给制度在规制上确有疏漏。

药师寺

西堀川

西市

朱雀大路

罗城门

下道

平城京是一座青瓦丹柱的美丽都城，也是一座偶尔会有外国使节团不辞千里来访的国际都市

平城宫的演变发展

为什么平城宫会经历多次改建呢？

可以确定的是，掘立柱柱根的腐朽或是屋瓦的耐久度问题并非改建的原因。平城宫的掘立柱建筑采用直径30—40厘米的粗柱，柱根的腐朽情形没有严重到十几年就必须重建的程度。改建的真正原因应该在于每有新天皇即位，就会产生新的行政单位，施行行政改革，展开各项政府机构的改革。这些强行推动官署及宫殿增修改建，不断有工程启动。

如今平城宫遗迹残留的土坛等主要以圣武天皇时代的建筑遗迹为骨架。之前的元明、元正天皇时代的遗构大部分埋在圣武天皇时代遗构的下

层，使人难以见其容貌。上述两个时期之后，平城宫又经历淳仁天皇的大改修，迁都之后还有平城上皇在旧都平城京的宫殿修建工事，因此，平城宫的遗构可以大概归为四个时期。

由于平城宫的变迁实在太复杂，笔者与共事者之间至今仍是众说纷纭，没有结论。兹将追寻平城宫变迁遗迹发现的问题重新整理如下：

*

位于宫城中心的内里、大极殿及朝堂的关系密切，每遇国家级活动，它们会担任最重要的角

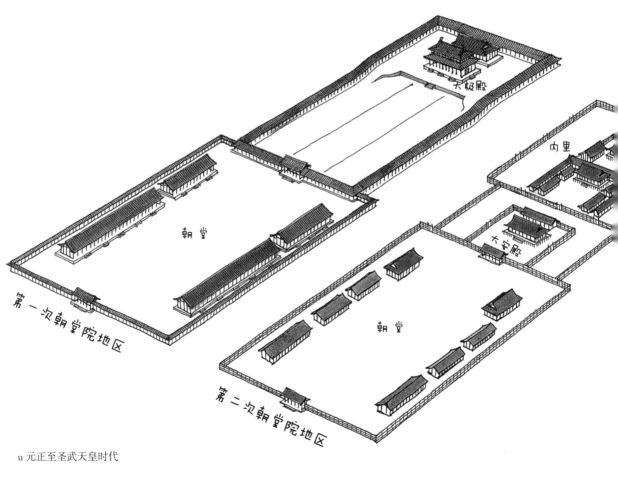

u 元正至圣武天皇时代

色。因此，北为内里、中为大极殿、南为朝堂的直线配置方式是基本原则。平城宫虽然也遵守这项原则，却有区别于前代藤原宫的新尝试。在详述这项新尝试之前，必须先介绍过去的说法。

平城宫的挖掘调查初步展开之际，元明、元正天皇时代的第一次内里、大极殿及朝堂被认为位于宫城中央的朱雀门北方（第一次朝堂院地区），至圣武天皇时代，才全部移到其东侧的地区（第二次朝堂院地区），成为所谓的第二次内里、大极殿及朝堂。

随着十多年来上述两地区挖掘调查工作的进展，我们发现了令人意外的变迁实情。第二次地区的内里、大极殿及朝堂，从平城宫的最初到最终时期始终存在于该地区，反倒是第一次地区最早只建有大极殿院，后来又增建朝堂，至奈良时代中期，第一次地区的大极殿被废，原地又盖起了新的宫殿。该宫殿遗迹的区划被保留了下来，导致后人将其误认为第一次内里。

究竟为什么会这样呢？第一次、第二次地区的大极殿并存于平城宫前期，而除了元明天皇时代以外，第一次、第二次地区的朝堂也是一直并存的。姑且不论朝堂，以大极殿的性质来说，同时存在两座实在不妥。为了让读者更容易了解其中的变迁，兹依照平城宫兴建的时间顺序来说明。

元明天皇时代的第一次地区，有从藤原宫的大极殿移建过来的建筑物。此为桁行九间、梁间四间、柱间十七尺（约5米）规模庞大的唐风建筑。相对于此，第二次地区的北方有内里，南方则有桁行七间、梁间四间、柱间十五尺（约4.5米）的掘立柱式正殿与后殿。这栋正殿为两重掘立柱围绕，门朝南侧的朝堂而开。同样为掘立柱围绕的朝堂，目前仅东第一堂及东第二堂得以确认，推测其原来有八堂以上的建筑物。

第二次地区的所有建筑物皆为掘立柱式，屋顶也统一为铺桧皮的日本传统样式，与第一次地区建筑物的中国大陆风格形成鲜明对比。第二次地区的建筑物配置也是采取正统的内里、大极殿、朝堂的形式。不过就建筑物的规模、形式来说，第一次地区的建筑物虽是从藤原宫移建过来的，但比较适合作为大极殿使用。

那么，第二次地区的大极殿究竟作为何用？据推测它是从大极殿分化出来的朝堂正殿，与大极殿具备类似的功能，名为大安殿。换句话说，前面提到的平城宫的新尝试，就是将大安殿由藤原宫时代的内里正殿中分离出来，使之成为独立的朝堂正殿。

至元正天皇时代，此构想有了进一步的发展。大极殿院的南方，兴建了由四堂组成的朝堂（u图），圣武天皇即位之后，大安殿及朝堂（十二堂）全部改建成附有基坛的础石式建筑（见98页v图）。

两区并存的朝堂分别发挥何种作用，至今未能得知。对照后来平安宫的情况，也就是宫中央的丰乐院有四堂、朝堂有十二堂，可见平城宫这两区的朝堂应该是作为宴会场所的丰乐院的前身。

值得一提的是，关于宫中举行宴会或仪式的场所之名称，文献上曾出现过"朝堂""中宫"及"南苑"的说法。我们从已挖掘出土的遗构来看看这几个场所究竟分布在什么位置。

上述三者中的"朝堂"，从元明天皇到桓武天皇时代一直存在。招待新罗使、渤海使、唐使等外国使节的宴会只在朝堂举行，从遗构的情形来看，朝堂的位置应该在第二次地区的十二堂。

"中宫"一词见于元正天皇时代末期至圣武、孝谦天皇时代。圣武天皇时代经常在此举行慰劳役人（公务员）的宴会，也利用该场合授予官阶。淳仁天皇时代它曾一度名为中宫院，但称德天皇时代以后已不见此称呼。另有一说称"中宫"一

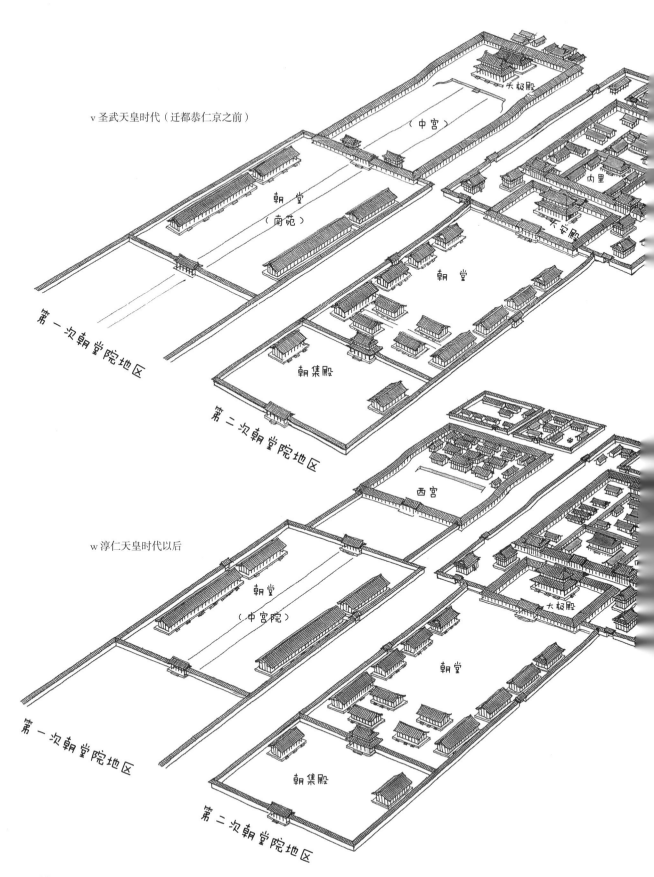

v 圣武天皇时代（迁都恭仁京之前）

（中宫）

大极殿

朝堂

（南苑）

内里

天安殿

朝堂

第一次朝堂院地区

第二次朝堂院地区

朝集殿

西宫

w 淳仁天皇时代以后

朝堂

（中宫院）

大极殿

第一次朝堂院地区

朝堂

第二次朝堂院地区

朝集殿

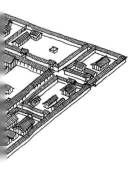

词为内里的别称。"中宫"既然能作为朝堂使用，一定拥有相当宽敞的空间，所以这里说的"中宫"应该包含大极殿及其前庭的广大筑地回廊。

至于"南苑"，功能与中宫相似。孝谦天皇时代称之为"南院"，淳仁天皇以后不见任何相关的文献记载。圣武天皇时代有在南苑举行"骑射走马"比赛的文献记录，因此，南苑的位置应该在大极殿南方的四堂。

淳仁天皇于760年（天平宝字四年）发起的殿舍大改修工程主要内容如下。首先在旧大极殿的所在地规划与内里同规模并足以取代内里的宫殿。接着，拆除比旧大极殿小一号的大安殿，改建成新的大极殿。新大极殿的基坛更为宽广，高度也更高，与后殿的通道皆加设轩廊（建筑物与建筑物之间相连的短桁走廊）。此外，内里的主要建筑物也全面改建（w图）。

当时在旧大极殿所在地新建的宫殿，名为"中宫（院）"，后为重祚的称德天皇（孝谦天皇）改称为"西宫"。称德天皇重祚后不久的朝贺仪式，便是在西宫的前殿举行。此外，设斋宴款待六百位僧侣的"佛事供养"（设斋），以及感谢新谷收成、祈求来年丰作的"新尝祭"皆在此举行，宠僧道镜伺候天皇的场所也在西宫。继位的光仁天皇也在西宫的前殿举行各项宴会。

比较西宫与内里的建筑物样式，可见鲜明对比。内里为白木造、桧皮屋顶的掘立柱建筑，属于传统的和风样式；西宫虽同为掘立柱式建筑，却铺上涂有丹砂的屋瓦，呈现中国大陆样式。

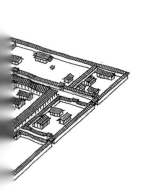

平城京遭废都之后，平城上皇再度于西宫展开兴建工事。此为正式记录中平城宫的最后一次大工程。

*

以上是以内里、大极殿、朝堂为主轴的平城宫中心部的变迁过程。所述为笔者个人观点，事实上还有各种其他的解释。

要特别强调的是，虽然众说纷纭，但挖掘出土的遗构之时间前后关系是不变的。引发不同解释的问题点在于遗构的变化时期对应的正确年代。举例来说，关于第二次地区的大极殿、朝堂由原来的掘立柱式改为础石式建筑的时间点，一说是从屋瓦的样式来看，应为圣武天皇还都平城（将都城迁回原来的地方）后的天平末年至天平胜宝年间。此说法中关于朝堂及诸宫殿变迁的部分，无法在此详述。笔者认为此种说法无法完整解释全部的遗构。当然，笔者的意见也无法百分之百肯定，随着挖掘调查的进展或是人们想法的改变，原来的解释还有很多修改、订正的空间。希望笔者能抛砖引玉，引起更多的论辩，毕竟学问就是要靠各种意见互相激荡，才能有所进步。

平城京时代的结束

770年（宝龟元年），称德天皇在自己兴建且挚爱的西宫寝殿辞世。继位的光仁天皇将称德天皇的宠僧道镜放逐，重整朝政。平城宫最后的天皇桓武天皇即光仁天皇之子。

781年（天应元年），接受光仁天皇让位的桓武天皇决意舍弃平城京，而于长冈兴建新的都城。平城京的寺院势力强大，甚至干预政治，贵族之间也是政争不断，因此桓武天皇希望借由迁都重整人心，并重建律令体制。

784年（延历三年），日本迁都长冈京。平城宫内的诸殿舍一并迁移至长冈宫。然而，长冈京虽地处河川的汇流点，拥有水利之便，却经常

遭洪水之灾。结果仅十年时间长冈京便遭废弃，平安京成为新的都城。794年（延历十三年），日本迁都平安京，原本从平城搬移至长冈的宫城殿舍，再度移建至平安宫。

废都后的平城宫西宫于809年（大同四年）再度展开营造工程。人们本是受平城上皇之令，以还都平城为目的展开工程，而于810年（弘仁元年）完工。结果还都平城最终未果，平城上皇出家并移驾西宫，至824年（天长元年）驾崩一直住在西宫。与上皇之死同时，平城宫的百余年历史也落下了帷幕。

平城京渐渐为人所遗忘，都城内的大部分土地变回了农田。而支撑平城宫内壮丽建筑物的若干土坛在数百年之后依旧存在，保留着当时的遗迹。这些遗迹也成为后人展开平城宫相关研究的最佳线索。目前在原来大极殿的土坛上正进行基坛的复原作业，平城宫迹的整体整备工作也一步步展开，期望它能够重现奈良时代的辉煌。

后记之一

宫本长二郎

"平城京究竟是如何建造的？"这是近二十年来我在平城宫迹以及平城京内遗迹的挖掘调查过程中一直思考的题目。除了我之外，奈良市、奈良县教育委员会、大学、奈良国立文化遗产研究所还有一百多位和这项工作直接或间接相关的研究伙伴，分别站在考古学、日本史、建筑史以及保存科学等专业的角度，夜以继日地为平城京的复原工作努力。

众多相关的研究报告不断发表于挖掘调查报告书及各大学会志上。不过这些报告皆为研究者专属的资料，一般人不易取得，而且内容过于专业、艰涩，一般读者若想对平城京有大体的认识，绝对需要一本本书这样的概论书。

随着平城宫及平城京挖掘调查的进展，有越来越多的土器等生活遗物或木简记录等被发现，后人能够依此追溯当时人们生活的具体样貌。关于平城宫及平城京出土遗物的介绍，早已有若干概论书出版上市，因此本书着重发挥本书系的特色，将内容聚焦在都城及宫城的兴建工事、日常的居住环境等事情上。

将内容锁定在土木建筑区块，看似片面却有助于读者了解平城京的全貌，增进理解。此外，本书不仅介绍挖掘的成果，更从一名研究者的角度出发，透过挖掘调查的作业，推理及归纳出历史事实，并将其过程呈现在读者眼前。

对于同一项挖掘成果的解释，共事的伙伴常会因为所持见解不同而发生激烈论辩。我相信这样一次又一次的论辩可以让研究结果更趋近于事实。不过在此要特别强调，已认定的历史事实包括本书的内容在内，即便它们已经过众多研究者的探讨，也仍然有读者提出质疑的空间。

关于平城京的兴建此一主题，我是把自己当成一位平城京时代的建筑土木技师，譬如造京司或造宫司的役人来下笔的。当时的技师首先会拟订计划，然后按照计划进行工程，完成之后才整修或改建。平城京遭废都之后，众多的建筑物被拆解下来，搬运到新京再利用，技师的工作到此告一段落。平城京内的土地除了少部分以外，在废都之后不久便全面水田化，并维持该样貌一直到今日。站在挖掘现场的我们只要循着这个顺序回溯，应该能还原历史的原貌。

挖掘现场出土的遗构或遗物，本文形容其为"历史的沉默证人"。事实上，许多时候是没有"证人"可为证的，我们只能凭借"状况证据"来判断。如果没有实体的遗构可佐证，通常在挖掘报告书中是不足为论的。不过本书从建筑技师的立场出发，大量利用了状况证据。

举例来说，关于厕所的记载，早从《古事记》时代就有了。然而在平城京的一般住宅建地内几乎找不到疑为独立的常设厕所的建筑物。当时的人们没有收集人类排泄物作为肥料的习惯，所以猜想当时应该是在大路、小路的侧沟或河流上架设公共厕所，让排泄物随水流走。至于住宅建地内，则多利用人工挖掘的垃圾洞（茅坑）。这样想来，当时的都城应该是臭气冲天吧？不过，除了少数皇族、贵族阶级，一般民众的饮食中没有太多动物性蛋白质，所以排泄物的臭味应该不会太重。这令我回想起小时候穿梭在大街小巷的载货马车留下的马粪味道。

除了厕所之外，厨房、浴室、寝室等日常起居场所也没有留下证据，所以考古十分困难。期待不久的将来能有更多的挖掘事例及可供判断的材料出土。

由于执笔写作本书的关系，我再度体认到后人对于奈良时代的生活所知实在有限。不过，随着挖掘调查及研究成果不断涌现，我们正一点一滴地解开历史的谜题。从近世的农耕具等日常生活用具以及平民百姓家的传统文化遗产中，我们发现许多奈良时代或者更早年代的要素，这使得原本遥不可及的奈良时代，渐渐在你我的生活中苏醒过来。

最后，特别感谢穗积和夫先生为本书绘制插图，帮助读者建立对平城京的具体印象；感谢平山礼子女士等三位编辑人员的辛劳；还要感谢与平城京挖掘调查相关的各专业领域的前辈与伙伴给我的有利建言。本书所言如有任何的谬误，皆应归咎于我个人的错误判断，而任何成果都应为所有伙伴共享。

后记之二

穗积和夫

本系列丛书终于进入第 9 册了。《平城京奈良》是继《奈良大佛》一书之后，该系列第二本谈论奈良时代的概论书。本书以建筑为中心，描绘一千二百年前古代都城的发展变迁。

关于平城京的挖掘调查，目前正在一步步地进行当中。无论是酷热的夏天还是大雪纷飞的寒冬，挖掘现场不间断地进行着需要极大毅力的作业，实在令人铭感五内。而判断挖掘出土的东西究竟为何物、有什么样的用途、如何使用等问题，需要有专业的科学及历史的根据，这是相当重要的学术工作。

身为插图绘制者的我根据不断发现的令人振奋的新事实，绘制出一幅又一幅的插图。然而还是有很多部分没有具体的答案。我不敢否认，在描绘这些不清楚的部分时，或多或少掺入了我这个外行人的想象。如果阅读这本书的读者能够从我的插图中得到一些线索，继续发挥对当时都城样貌的想象，那是我最大的荣幸。

这本书花费了好长的制作时间才得以出版。虽然我一心一意想要一次画完整个系列的全部插图，但迟迟无法如愿。对于读者以及相关的工作同仁，我深感惭愧，在此致上歉意。

本书的制作参考了下述机构收藏的模型，特此致谢奈良市政府、奈良国立文化遗产研究所、奈良国立文化遗产研究所飞鸟资料馆、国立历史民俗博物馆。

挖掘出土的各种文物

长颈壶

甑

甗

竖栉（仅

平瓶

灶

高杯

碗

杯

勺子

筷子

匙

钓瓶

桧片

线卷

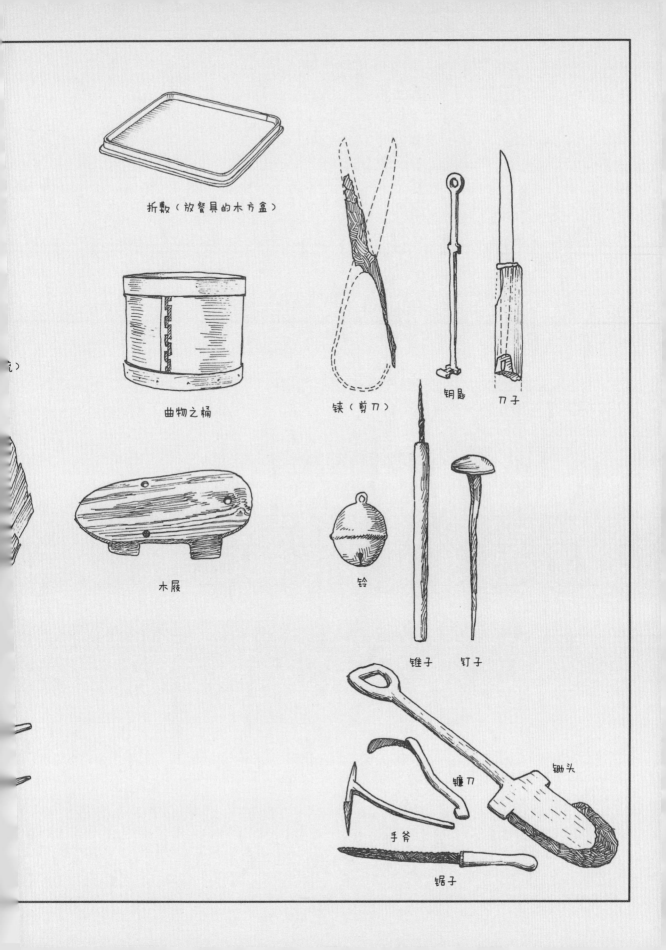

折敷（放餐具的木方盒）

曲物之桶

铗（剪刀）

钥匙

刀子

木屐

铃

锥子　钉子

镰刀

锄头

手斧

锯子